U0614672

经验是人生成功的阶梯

人一生

不可不知的
人生经验

邢群麟　编著

光明日报出版社

图书在版编目（CIP）数据

人一生不可不知的人生经验 / 邢群麟编著 . -- 北京：光明日报出版社，2012.1（2025.1 重印）

ISBN 978-7-5112-1891-9

Ⅰ . ①人… Ⅱ . ①邢… Ⅲ . ①人生哲学—通俗读物 Ⅳ . ① B821-49

中国国家版本馆 CIP 数据核字 (2011) 第 225288 号

人一生不可不知的人生经验

RENYISHENG BUKE BUAHI DE RENSHENG JINGYAN

编　　著：邢群麟

责任编辑：李　娟　　　　责任校对：易　洲

封面设计：玥婷设计　　　　封面印制：曹　诤

出版发行：光明日报出版社

地　　址：北京市西城区永安路 106 号，100050

电　　话：010-63169890（咨询），010-63131930（邮购）

传　　真：010-63131930

网　　址：http://book.gmw.cn

E - mail：gmrbcbs@gmw.cn

法律顾问：北京市兰台律师事务所龚柳方律师

印　刷：三河市嵩川印刷有限公司

装　订：三河市嵩川印刷有限公司

本书如有破损、缺页、装订错误，请与本社联系调换，电话：010-63131930

开　本：170mm × 240mm

字　数：200 千字　　　　印　张：15

版　次：2012 年 1 月第 1 版　　　　印　次：2025 年 1 月第 4 次印刷

书　号：ISBN 978-7-5112-1891-9

定　价：49.80 元

版权所有　翻印必究

前　言

小时候，父母告诉我们不要闯红灯，因为有因闯红灯而发生车祸的惨剧；大一点，老师告诉我们要珍惜时光，因为有因浪费时光而虚度一生的教训；再后来，我们懂得，不要交错朋友，因为有因交友不慎而走上邪路的不幸；长大了，我们还懂得不要轻信别人，因为有因轻信别人而上当受骗的悲剧；成年后，我们知道了对待婚姻要慎重，因为有因草率结婚而引发悲剧的先例……这样，我们一生都在潜移默化地接受各种教训，而那时的教训现在再谈起就是人生的经验。我们每个人都是在经验中逐渐成长的。 所以我们说，经验是人生成功的阶梯。人生旅途中，每个想成就自己一生梦想的人，都在力图在生活中超群绝伦，脱颖而出，但是，这种美好的想法往往被现实中的各种矛盾、各种突发情况所摧毁。然而经验可以让你在人生的旅途中少走弯路，可以让你在成功的道路上事半功倍。

其实，世上本没有路，走的人多了，也便成了路，而经验就是前人留下的道路。顺着他人走出来的路走下去，你就可以更加明确成功的目标，你就可以在走向胜利的路途中避免迷失方向。

那么经验在哪里？

它就在《人一生不可不知的人生经验》里。古今中外的几百位名人齐聚在这里，他们的经验隽永智慧，字字珠玑，经验的盛宴在这里展开——这些经验是思想的电光火石，是智慧的高度浓缩，是立身处世的法则，是生活求索的启迪。这些经验可以成为生活中攀登者的动力，也可以成为沧海上夜航者的灯塔，还可以成为人们治学报国的向导、事业成功的秘诀。

人生有太多的经验，我们不可能全部都由自己的亲身经历来获得，我们也没必要付出那么多精力和那么大代价。我们只需沿着前人已经铺好的经验之路走下去，也许它不能马上改变你的处境和生活，但它必将改变你的处世思想和人生观念，并让你终生受益。

从某种意义上来讲，经验也是我们的安身立命之本。我们乐于立命，就需要有可以立命的资本；我们追求安身，就必须有能够安身的条件。经验越多，收获越大；经验越少，收获越小。只要我们以正确的心态面对人生的每一种经验，我们就会拥有越来越多的可供奉献、可以造福社会的资本。

造福社会是人格的高贵，同时也是事业的高贵。种下什么，收获的就是什么。孟子曰：穷则独善其身，达则兼济天下。因为我们的经验，为他人造就了幸福和快乐，总有一天，这种幸福和快乐也会降临在我们自己身上。

所以，希望本书的人生经验能够提高你的智慧，增长你的才干，完善你的人格，最后给你一个完美的人生。

扫码获取更多资源

Contents

目 录

健康是成功的资本

只要失去健康，生活就充满痛苦和压抑。没有它，快乐、智慧、知识和美德都黯然无色，并化为乌有。

世界上首屈一指的自由是什么？健康；世界上最好的天赋是什么？健康；世界上最美的东西是什么？健康。因为如果没有健康，你就不会有追求自由的权利，没有健康，智慧就不能表现出来，文化无从施展，力量不能战斗，财富变成废物，容貌也无法展现。

【健康是工作的利器】

身心健康是人生最起码的，也是最重要的条件，更是从事任何行业的最大本钱，身心越健康，对于事业越有帮助。再说，我们生活在这个分秒必争、万变莫测的世界，被许许多多意想不到的事件困扰，这些都需要我们强壮的身体和健全的精神，去一一处理和克服。

有一句古话："工欲善其事，必先利其器。"没有一个理发师用迟钝的剪刀而指望其生意兴隆，也没有一个木匠用迟钝的锯子和斧头而指望其做工精良。

> 健康是人生第一财富。
> ——（美）爱默生

有些人有奇异的天赋，但最终只取得微小的成功，就因为他们在无意中损伤了自己的成功机器——健康，就因为他们不能供给必要的动力来启动那机器。世间有千千万万个人，就因为对身体不加注意与留心，以致"壮志未酬"，饮恨殁世！他们毁掉了自己有所作为的可能性。"出师未捷身先死"，这无疑是人世间最悲惨的事情。

人，只有在身心健康、精神舒畅的状况下，才有旺盛的进取心，才能发挥雄厚的潜能，开创美好的人生。

所以，日本小说家武者小路实笃说：“健康的时候，人们会忘记肉体，专注地从事各自的工作；而当健康受到影响时，人们才感觉到肉体的痛苦。”

生理健康与心理健康是息息相关的。当我们承认精神影响肉体，而肉体也有影响精神的倾向之事实时，对二者的关系就更为了解了。经验告诉我们：当我们紧张、焦虑和沮丧的时候，会感到身体不适；同样的，在生理上有病痛时，也会使人感到精神郁闷、沮丧和焦虑。

一个人所能实施的最大、最聪明的做法就是在身体中储藏起最旺盛的生命力，储藏起最大量的体力与精力以为工作做好最充分的储备。

没有哪一件东西比我们的体力与精力更为宝贵！所以我们必须不惜任何代价，以获得与拥有它们。

每个人都希望事业飞黄腾达，但却很少有人关心自己的健康，这是件很奇怪的事。如果在你喝第一口香槟的时候，有人告诉你，这将是你今生品尝到的唯一一杯香槟，它的滋味你只享受一次，你一定会十分细心地享用这杯酒。而你的身体也是一样，你只有这一个身体，为什么不好好地珍惜呢？也许你的人生中有很多理想，但若没有了生命，这些理想无异于空中楼阁。所以，不论什么时候，健康都是你最重要的资本，失去了这把利器，你的事业刚起步便会夭折。

有许多人不惜一切地守护着自己的财富，却不知不觉牺牲了人生的第一财富——健康。《圣经》上说：“世上没有比健康更好的财富，没有比内心快乐更大的快乐。”

多数人认为，赚钱可以说是人生中最大的快乐之一，它除了能够给多数人提供主要的智力刺激和社会互动之外，还是许多经营者唯一能展露才能、并获得掌声的标准。拼命赚钱除了可以带来名声之外，还可带来财富、权力及擢升。但是，如果你真的把每一分钟清醒的时间都用来赚钱，而完全忽略自己的健康，那将是得不偿失的。因为，人不是只干活而不需要吃饭、睡觉和休息的机器。

强健的心理、情绪与精神，都来自健壮的身体。假如你想功成名就，第一步，就是要考虑健康问题。因此，当你能够出人头地之前，首先需要学习的一个简单却重要的课题，就是让你自己拥有强壮的体格。因为只有身体健壮的人，才能具有精明的脑子和旺盛的精力。没有好的身体，在这个物质世界上，什么都别想实现。简单地说，身体健康是一个人获得财富的“硬件”，一个人拥有财富的基础是身体健康。通过体育锻炼和良好的饮食，才能有聪明睿智的脑子。

可现代大多数人最容易犯的一个毛病，就是对于已经拥有的东西不怎么珍惜，而对于将要失去的却总想挽留，这一点在对待健康方面体现得最为明显。当一个人无病无灾时，他总觉得自己是“铁打”的机器人，可以不吃不喝一天工作 24 小时。这种情况多体现在年轻力壮正当年的人身上，因为年轻他们不懂得爱惜自己的身体，天天为赚钱而奔波，在商场里逐鹿争雄，总想着出人头地。不过，当上了一定的岁数，精神和体力都会明显衰退。到了百病缠身时，他可能要花上大量的时间用来休养和无数的金钱进行治疗。其实，如果在年轻时就注意自己身体的保养，也可能用不了多少时间和金钱，你就会拥有一个强健的体魄。

千万不要为了追求身外的财富而忽略了自己最大的“财富”——健康。做人除了要懂得给自己“减压”之外，及时进行适当的治疗和注意日常健康，也非常重要。

只要合理安排，注意健康与你谋求财富丝毫不会产生矛盾，有时一个微小的举动或者一个很简单的改进，都会令你享受到健康的快乐。比如，在办公场所加装一部空气净化器，可以通过改善办公室的空气质量，来改善员工和你自己的健康状况，进而提高工作效率，小小投资却能取得非常好的效果，何乐而不为呢？当疲惫不堪时，与其勉强苦苦地硬撑着在那里工作，何不稍稍休息一下，然后再以充沛的精力投入工作，你会发现这样做之后就会收到一本万利的奇效。

【保护你的健康等于创造你的成功】

英国作家狄更斯曾说：“我们得到生命的时候带有一个不可缺少的条件——健康：我们应当勇敢地保护它，直到最后一分钟。”

人们站在生命的门槛上，如此清新、年轻、充满希望，清醒地意识到自己拥有应付一切危机的力量，知道自己是世界的主人，还有什么能比这样的状态更重要的呢？一个年轻人成功的基石就在于他的力量。任何形式的虚弱都会贬低他、压抑他，使他变得不完整，这是一种残缺。无论这种虚弱是精力、活力、意志力还是体力的欠缺，即使是勤奋的习惯也无法消除它，而成功本身也不能遮盖它。

世界上最强烈和最细微敏锐的感觉，可能是感到自己有能力战胜困难的勇气和决心。而生命中勇气和决心的支撑则是健康、坚强和健壮。人并不是必须具有很大的块头和威武的外表，但应该具有旺盛的生命力和巨大的精神力量。这种东西体现在布瑞汉姆领主连续工作176个小时的狂热中，体现在拿破仑24小时不离马鞍的精神中；体现在富兰克林70岁高龄还露营野外的执着中；体现在格莱斯顿以84岁的高龄还能紧握船舵，还能每天行走数公里，到了85岁时还能砍倒大树的状态中。上述种种，成就了生命中最重要的东西，也是持续创造成功的首要因素。

充沛的体力和精力是伟大事业的先决条件，这是一条铁的法则。虚弱、没精打采、无力、犹豫不决、优柔寡断的年轻人，虽有可能过上一种令人尊敬和令人羡慕的高雅生活，但是他很难往上爬，不会成为一个领导者，也几乎不可能在任何重大事件中走在前列。

成功者之所以更看重自己的身体和健康，因为他们清醒地认识到要长期享有成功的果实，要保持旺盛的创造力皆根于健康。旧金山全美公司的董事长约翰·贝克每天坚持晨泳和晚泳，还经常抽空去滑雪、钓鱼、越野走以及打网球；包登公司的总裁尤金·苏利文养成习惯每天走过二十条街去他的办公室；联合化学公司董事长约翰·康诺尔偏爱原地慢跑，一直保持着标准体重。他们通过各式各样的方法使自己保持充沛的精力和敏锐的思维，无疑是持续创造成功的最佳典范。

米开朗琪罗在他伟大的绘画作品中，无论是描绘天堂还是地狱，无一不体现出强大的身体力量，这就是意大利人对身体力量的热爱与崇拜之情。培根则把身体上升到灵魂的高度，他说：“孱弱的人永远不会培养有创造力的灵魂和智慧。”那么我们该如何拥有一个健康的躯体呢？知名学者洛伦兹·弗尔教授说：“努力工作，但任务不要太繁重；要避免焦虑和恼怒。尽量以和你的性情相符的方式来生活，充分利用上天赋予你的才能。尽量不要生活在太大的压力之下。考虑到你的金钱和力量，要量力而行。一日三餐，要进食水果、蔬菜、谷类、鸡蛋和牛奶。从一开始就要成为严格的戒酒者，并且要终生保持这一好习惯。不要抽烟。要进行有规律的日常锻炼。记住，保持清洁几乎是神圣的。不要喝浓咖啡或者浓茶。感到疲倦想睡觉时就睡觉，每个星期至少有一天用来休息。如果你做到了上述这些，十之八九，你会长寿。”

在我们的一生中，最重要的两样东西，失去了才知它的宝贵——那就是青春和健康。青春的流逝是不可避免的，而我们面对健康与否时却有选择的能力，每一位在通向成功路上勇往直前的人都应当倍加珍惜、呵护上天赋予的这份宝贵礼物，因为它是成功的资本。

慎重选择自己的职业

事业是我们在人生的深渊边上行走时最有力的栏杆，如果我们不能选对自己的栏杆，就会从深渊边上失足坠落，人要想生活得自由自在，就得选择适合自己的生活与工作环境。只有如此，我们才有信心在明天美好地活着。

菲尔·强森的父亲开了一家洗衣店，他把儿子叫到店中工作，希望他将来能接管这家洗衣店。但菲尔痛恨洗衣店的工作，所以懒懒散散，提不起精神，只做些不得不做的工作，其他工作则一概不管。有时候，他干脆“缺席”了。他父亲十分伤心，认为养了一个没有野心并不求上进的儿子，使他在员工面前深觉丢脸。

有一天，菲尔告诉他父亲，他希望做个机械工人——到一家机械厂工作。这位老人十分惊讶。不过，菲尔还是坚持自己的意见。他穿上油腻的粗布工作服工作，他从事比洗衣店更为辛苦的工作，工作的时间更长，但他竟然快乐得在工作中吹起口哨来。他选修工程学课程，研究引擎，装置机械。

> 选择职业是人生大事，因为职业决定了一个人的未来。
> ——（英）罗素

而当他1944年去世前，已是波音飞机公司的总裁，并且制造出“空中飞行堡垒”轰炸机，帮助盟国军队赢得了第二次世界大战。如果他当年留在洗衣店不走，他和洗衣店——尤其是在他父亲死后——究竟会变成什么样子呢？

如果他在选择自己的工作时，盲目地听从别人的建议，那么菲尔·强森这个名字也许将永远消失在历史的烟尘中。

【做你喜欢做的，让别人说去吧】

兴趣永远是人生最好的老师，如果你喜欢你所从事的工作，你工作的时间也许很长，但却丝毫不觉得这是一种折磨，反倒是种享受。

爱迪生就是一个好例子。这位未曾进过学校的送报童，后来却使美国的工业生活完全改观。爱迪生几乎每天在他的实验室里辛苦工作 18 个小时，在那里吃饭、睡觉，但他丝毫不以为苦。“我一生中从未完整休息过一天，”但他宣称，“我每天乐趣无穷。”

汉姆生曾经说过：“热爱他的职业，不怕长途跋涉，不怕肩负重担，好似他肩上一日没有负担，他就会感到困苦，就会感到生命没有意义。”每一个从事他所无限热爱的工作的人，都可以成功，而一个人在选择职业时最大的悲剧则是从来没有发现自己真正想做些什么，所以那么多人在开始时野心勃勃，充满玫瑰般的美梦，但到了 40 岁以后，却一事无成，痛苦沮丧，甚至精神崩溃。事实上，有很多人花在选购一件穿几年就会破掉的衣服上的心思，都远比选择一件关系将来命运的工作要多得多。他们往往不能听从自己的心声，不了解自己的兴趣，依据别人的评判做出事业的选择，结果最后一事无成。

有一位很有艺术造诣的年轻人，在大学时每天都花很长时间练琴。毕业后，他顺利申请到奖学金继续深造。他仍每天苦练 8 ～ 10 个小时的琴。

一年之后他却整个人都变了。

他申请到最好的音乐学院的奖学金，但只读了 8 个月就中途辍学了，他之所以做出决定，部分原因就在于——他常常得在不同的听众面前演奏，并接受各类批评。他得到的批评不一而足——有的极中肯，有的却流于恶意攻击，他却因此而一蹶不振。他深陷沮丧，已有很长时间没有碰他心爱的钢琴。

不管朋友怎么劝，都没法让他释怀。那些无谓的批评像利剑一般刺入他的心中，他在心理上无法对恶语设防，因而丧失了追求梦想的勇气。

他决定改行去做老师，回大学去拿教育学位，不过，他甚至连“教”音乐也不愿意。

这么有天分的人却因为盲从别人的评判而最终过起了与自己的心愿大相径庭的生活。放弃自己所喜欢的职业，轻则失去了自己更臻完美的机会，重则危及自己的健康，让自己痛苦一生。在我们选择职业时，一定要让住：“绝不要为了别人的喜爱，去选择适合别人的工作或生活目标。否则，将是你失败和不幸的开始。”

【做你适合做的，量力而行】

在一座小城里，住着一个年轻人，以卖炊饼为生。他白天卖炊饼，到了晚上，便吹笛子自娱自乐。因此，天天晚上，悠扬笛声都能从他的屋里飘逸出来，他活得很自在，也很快乐，脸上时常挂着笑容。他的邻居是个大商人，觉得他为人老实，就借给他一万贯铜钱，叫他做大生意，不要再卖炊饼了。从此，这个卖炊饼的人便白天忙生意，晚上忙算账。只闻他屋里算盘响，再也听不到悠扬悦耳的笛声了。

他在白天做生意时，心情也不好，既害怕出差错，又担心亏本。过了些日子，他实在不愿再过这种心无宁静的日子了。于是，他把钱如数还给邻居，又做起卖炊饼的小生意来，每逢晚上，他的屋里又传出了美妙的笛声。

做大生意固然能带来充足的物质享受，但却不是人人都能做，人人都适合做的。有的时候，你必须知道自己只是普通沙粒，而不是价值连城的珍珠。不要抵制不住外界的诱惑而过不适合自己的生活。每个人的人生都有自己的轨迹，挖一口真正属于自己的井，而不要望着别人桶里的水止渴，这才是理智的选择。

“一个人的一生只能做好一件事”，因此，一个人要实现人生的价值，就得珍惜有限的时间，就得选择最适合于自己去做的事。不要什么都做，结果什么都做不到极致，既浪费了时间也浪费了生命，徒留悲切在心中。

无论做什么事，都要自身的基本素质所许可，如果是一些特殊的职业，对一个人自身的条件要求会更高。有的职业对身体素质要求比较高，如运动员、演员、飞行员、时装模特儿，等等；有的职业对智力要求比较高，如科学家、作家、商业策划人员，等等；有的职业则要求所从事的人员综合素质好，如政治家、外交家、电视节目主持人、高级管理人员，等等。还有一些特殊的职业，则对人的某一个方面有特别的要求，一般人难以从事这些工作，例如品酒员，则要求有独特的味觉和嗅觉，等等。

因而，光有爱好、兴趣还远远不够，还必须具备从事这项职业所需要的身体或智力条件。就像很多人都羡慕运动员、演员的风光，但是，要想使自己成为一个运动员或演员，那不是靠爱好、靠勤奋努力就能够做到的。就像“飞人”乔丹在 NBA 赛场上所向披靡，但一旦打起了橄榄球就不过只是二流水平而已。

生活中许多人之所以不能取得成功，或者成就不大，有很大一部分原因，就是这些人不能认识自己所处的环境和自身条件，结果许多人盲目地去做自己不适宜做的事，失败或成就很小乃是必然的事。

例如，许多人特别是一些年轻的朋友，由于读了一些文学作品，也多少了解一些作家的逸闻趣事，但连一定的文学素养都不具备，就要立志去做一个作家，世上哪有这样容易的事呢！甚至一些文化程度低下的人，也埋头著书立说，且不说这样的人要成为一个真正的作家实在是不可想象的，就是在报刊上发表几篇习作也不是轻而易举的事，白白浪费自己宝贵的年华。如果用这些时间和精力，去干适合自己干的事，也许早就有所成就了。做自己适合做的事，即使一时成功不了，坚持下去也必有收获，即使得不到巨大的成功，也不至于一无所获。苏格拉底曾说过：“认识你自己。”这是我们在选择职业时所必须要认清的事实。纵使你成不了珍珠，你也可以做最有价值的那粒沙子。

【做你能够做的，发掘自己】

演技派电影明星达斯丁·霍夫曼在“金球奖”的颁奖典礼上接受终身成就奖时，提到一个真实的小故事。30 年前，有一次，他为了《毕业生》那部电影宣传，碰巧与音乐大师史达温斯基在同处接受访问。主持人问起史氏，何时是他一生当中最感到骄傲的时刻——新曲的首度公演？功成名就、掌声四起？史氏都加以一一否认，最后，他说：“我坐在这里已经好几个小时了，这之间，我一直不断地在为我新曲中的一个音符绞尽脑汁，到底是‘1’比较好？还是‘3’？当我最后发现众里寻他千百度那一个音符的一刹那，是我人生中最快乐、最骄傲的时刻！”霍夫曼说，他被大师感动得当场哭了出来。

如同伟大的作曲家心无旁骛，孜孜不息地寻找一个最能感动他的音符，不管是从事何种行业的人，都必须认识自己的潜能，确信自己能够干成什么，否则就很可能会埋没了自己的才能。知道自己能成为什么样的人，不仅能帮助个人实现目标，更重要的是有助于真正了解自己，从而设计出合理、可行的职业生涯发展方向。在激烈竞争的时代，只有掌握个人的竞争优势，才能把握稍纵即逝的机会，发挥个人的潜能，才能实现预定的目标。

一个人如果能从事可以激发起自己潜能的职业，他如果对自己的职业坚信不疑，如果不心怀二志，那么他的心里就只知道有这个职业，只承认这个职业，也只尊重这个职业。

对于一个人来说，自我埋没无疑是最让人遗憾的。爱因斯坦在读大学时的老师佩尔内教授有一次严肃地对他说：“你在工作中不缺少热心和好意，但是缺乏能力。你为什么不学医、不学法律或哲学而要学物理呢？”幸亏爱因斯坦深知自己在理论物理学方面有足够的才能，没有听那位教授的话。否则，历史上，也许会多了一位平庸的医生或律师，却少了一位伟大的物理学家。

选择一份你所喜欢的，适合你自己的、你能做成的事业是缔造美丽的人生的开始，这样的事业之火才是不会熄灭的，它们会像太阳和月亮升起那样永获新生，并祝福仰望它们的人。

事业是人生的基础

人的生活中，最能吸引人的力量，最能激发人经久不懈的热情的是什么？那就是事业。正如我国台湾作家席慕蓉所说：“整个人类的生命就如一件一直在琢磨着的艺术创作，在我之前早已有了开始，在我之后也不会停顿不会结束；而我的来临我的存在却是这漫长的琢磨过程之中必不可少的一点，我的每一种努力都会留下印记。”而我们努力的痕迹便是我们所从事的事业，随着时间的流逝，我们在这个世界上唯一的印记就是我们所曾做过的什么。

【事业滋养爱情，爱情是事业的土壤上结出来的果实】

莫扎特年轻时，倾慕爱恋过好多位秀丽、美貌的姑娘，但时间都不太长。当他 21 岁时，与母亲一起外出第二次演奏旅行。在去巴黎的途中，路经曼汗城时，莫扎特邂逅了一个芳名阿蕾霞的德国少女。这位少女有着银铃般优美的歌喉，莫扎特整个心都被她迷住了。他就以教阿蕾霞的声乐为借口，说服母亲在曼汗停留了相当长的时间。少女为了报答莫扎特的盛情，曾把芳心默许给他，莫扎特为此大为感激，表示愿意娶阿蕾霞为妻，帮助她成为歌剧明星，并把这一想法写信告诉父亲。母亲目睹这一切，感到如此下去，势必影响巴黎之行，就在儿子的信后，悄悄加了一段意味深长的补白：“这位姑娘很会唱歌是真的。可是我们不能忘记自身的利害。”父亲来信，对莫扎特婉转警告：“你想要成为将来被世人淡忘的平

> 在年轻人的颈项上，再也没有什么比事业心这颗灿烂的珠宝更迷人的了。
>
> ——（古波斯）哈菲兹

凡的音乐家呢，还是做一位留名青史、受人祝福的第一流音乐家？你愿意做时常被美貌所迷、不多几时死于床铺上、让妻儿流浪街头，还是做一名基督徒，过幸福的生活，重视名誉与自主，给予家族以安乐？”接着父亲又以强烈的语气追加道：“必须前往巴黎，不得迟延。然后加入伟大人物的行列。若是不能成为恺撒，就不必做人。”在父亲的忠告下，莫扎特强忍感情，终于向阿蕾霞告别，和母亲踏上巴黎之途。

也许莫扎特可以选择为了眼前爱情的花朵而放弃事业的桂冠，但如果那样的话，世界上将多了一对平庸的恋人，而少了一个不朽的音乐家，而为了一时的情欲放弃事业的最终结果往往是因为一事无成而失去家庭、婚姻的幸福。爱情是浪漫的，但它也是现实土壤上结出来的果实，如果没有共同事业的滋养，这份爱情永远只是海市蜃楼，以冲动始，以悲剧终。

【事业是生活中不可或缺的因素，不工作无异于走进地狱】

一个人死后，在去阎罗殿的路上，遇见一座金碧辉煌的宫殿。宫殿的主人请他留下来居住。

这个人说：“我在人世间辛辛苦苦地忙碌了一辈子，现在只想吃和睡，我讨厌工作。”

宫殿主人答道：“若真是这样，那么世界上再也没有比这里更适合你居住的了。我这里有山珍海味，你想吃什么就吃什么，不会有人来阻止你。我这里有舒服的床铺，你想睡多久就睡多久，不会有人来打扰你。而且，我保证没有任何事情需要你做。”

于是，这个人就住了下来。

开始的一段日子，这个人吃了睡，睡了吃，他感到非常快乐。渐渐地，他觉得有些寂寞和空虚了，便去见宫殿主人。他抱怨道：“这种每天吃吃睡睡的日子，过久了也没有意思。我对这种生活已经提不起一点兴趣了。你能否为我找一个工作？”

宫殿的主人答道：“对不起，我们这里从来就不曾有过工作。”

又过了几个月，这个人实在忍不住了，又去见宫殿的主人：“这种日子我实在受不了了。如果你不给我工作，我宁愿去下地狱，也不要再待在这里了。”

宫殿的主人轻蔑地笑了："你认为这里是天堂吗？这儿本来就是地狱啊！"

没有工作，整天无所事事的生活只会产生一种情绪——无聊，而无聊足以毁灭一个人。这个人以为不工作就是最大的幸福，而人最痛苦的事莫过于无事可做。

易卜生曾经说过："人的灵魂表现在他的事业上。"如果一个人对幸福的看法是无止境的悠闲，如果他期望退休躺在摇椅上，那么他就是活在一个愚人的天堂中。因为懒散是人类最大的敌人，它只会制造出悲哀、先衰和死亡。

事业在人生中必不可少，它不只对人起着维持生计的作用。人不活动，肉体就会萎缩以致死亡，心灵也是这样。事业，并非古老的信念所言，不是对原罪的惩戒——而是酬劳，是人类征服地球的手段，是统治者身份的象征。我们今天的文明，是人类建设、创造、辛勤劳动的见证——人类劳动的最重要的表现。甚至国家也会因失去它而灭亡。

精力充沛的农民、商人、思想家和实践家创造了伟大的罗马帝国，一经落入腐败、堕落的不劳而获者的手中时，便崩塌垮掉了——商业、农业、教育及所有形式的活动瞬间没落了。罗马帝国被忙碌的野蛮人取而代之。

把我们的事业视作是一种忍受：出于经济因素的考虑而被迫忙碌至死，就是在剥夺自己享受人类的最大满足的权利。事业本身的益处、它的良好效果和治疗作用、它与性格发展的关系——使得事业成为我们生活中不可或缺的要素。

爱德蒙·伯克说过："永远不要陷入绝望。但是如果你产生绝望情绪时，就去工作。"爱德蒙·伯克的话可不是空谈——他是有过亲身经历的。他曾经痛失爱子，他经过悉心研究之后，开始痛苦地深信文明快要堕落了。事业对他而言，就像对其他很多人一样，成为这个疯狂的世界上唯一清醒的标志。因此他不断地工作，即使在他绝望之时。

专注于自己的事业经常在灾难、个人的悲惨遭遇中或失去所爱的人时成为支撑人们的力量。

事业可以润泽我们平凡的人生，让我们在历经痛苦后仍然可以有力量去续写人生的辉煌。

【对待事业的态度决定了人生的高度】

三个砌墙工人在砌墙。有人问其中一个工人说："你在做什么？"这个工人没好气地说："没看见吗，我在砌墙！"

这个人转身问第二个人："你在做什么呢？"第二个人说："我在建一幢漂亮的大楼！"

他又问第三个人，第三个人嘴里哼着小调，欢快地说："我在建一座美丽的城市。"

同样是砌墙，同样是平凡的工人，但是他们对待自己事业的态度却决定了他们不同的人生。

让平凡的人生不再平凡，这一切只有靠事业所赐。我们不能改变自己的出身，不能改变自己的相貌，但可以改变我们对待事业的态度，让我们整个一生都在对事业的热爱和构造中度过吧，那么在我们这一生中必定会有许许多多顶顶美好的时刻，我们也将因为这些工作着的时刻而在历史的长河中激起浪花。有些人不知道事业的意义，只把自己束缚在感情或是眼前得失的花骨朵里，咀嚼着其中的酸甜苦辣，殊不知这样的人生对自己来说或许是幸运的，但在整个的人类长河中，却激不起任何的涟漪，没有事业这颗恒星，那么我们的一生就像流星划过天际，不会在天空中留下任何痕迹。

节俭是财富的基石

世界上没有任何财富是花不完的，但你要记住，钱是用来用的，不是用来花的，所谓“由俭入奢易，由奢入俭难”。在当省的时候不省，那么在当用的时候你会发现没有什么可用的了。

悉尼奥运会上曾经举办过一个以“世界传媒和奥运报道”为主题的新闻发布会，在座的有世界各地传媒大亨和记者数百人。

就在新闻发布会进行之中，人们发现坐在前排的炙手可热的美国传媒巨头NBC副总裁麦卡锡突然蹲下身子，钻到了桌子底下，他好像在寻找什么。大家目瞪口呆，不知道这位大亨为什么会在大庭广众之下做出如此有损自己形象的事情。

不一会儿，他从桌下钻出来，手中拿着一支雪茄。他扬扬手中的雪茄说：“对不起，我到桌下寻找雪茄，因为我的母亲告诉我，应该爱护自己的每一个美分。”

> 历览前贤国与家，成由勤俭败由奢。
>
> ——（中国）李商隐

麦卡锡是一个亿万富翁，有难以计数的金钱，他可以挥金如土，可以买到一切可以用钱买到的东西，一支雪茄对于他来说简直微不足道。如果照他的身份，应该不理睬这根掉到地上的雪茄，或是从烟盒里再取一支，但麦卡锡却给了我们第三种令人意料不到的答案。

【节俭让你从容应变】

有一个非常有才气的年轻人，他挣了很多钱，对未来很有信心，所以他总是把钱花得精光。突然有一天，他年轻的妻子得了重病，为了保住妻子的生命，他不得已请了一位著名的外科医生为妻子做一个性命攸关的手术，但是，医生要等他交足费用以后才能动手术。年轻人只好去借钱，这可是一笔巨款啊！妻子的命终于保住了，但是妻子随之而来的疗养和孩子们接二连三的生病，加上饱受焦虑的折磨，终于使他积劳成疾，赚的钱一年比一年少。最后，这个人职业受挫，全家穷困潦倒，没有钱渡过难关。在妻子害病之前，他本可以在一年之中就轻而易举地存上万把块钱，但他当时认为没这个必要，相信以后挣钱也这么容易。

我们谁都不是先知，永远不可能预见什么时候会生病或发生变故，弄得我们无依无靠，或者某个突发事件突然会搞得我们措手不及。如果我们不作长远打算，很容易使自己在未来生活中遭受各种各样的磨难。一旦遇到紧急情况，银行里却没有一分钱，这该是一种怎样的窘迫啊！

钱到用时方恨少，这样的哀叹是普通人常常发出的，与那些深谋远虑，能够为了应付紧急情况和疾病或安享晚年而储蓄的人相比，那些今朝有酒今朝醉的人的生活世界是完全不同的。

节俭的人总是在不断地储蓄，以便应付自己和亲人有可能遭遇的各种不测。他们为自己的家庭遮风挡雨，使自己的家人免受别人的欺侮和冷漠自私的对待。

有一个商人，做的是收购糖的买卖。每天向村民们收购完糖后，他总是在家将糖装进箩筐或者麻袋里，然后再运到镇子上或外地去卖掉。就在他集中或者分装糖的时候，总是会不小心掉下一些糖，而他却从来不在乎，觉得损失那点儿糖算不了什么。

不过，商人的妻子却是个有心人。她看到每次丈夫分装完糖以后，地上都会撒些糖，觉得很可惜，就偷偷把那些糖重新收起来，装进麻袋里。不知不觉之间居然攒了四大麻袋糖。

后来，有一段时间蔗糖突然短缺，商人很长时间收不到糖，生意一时间没办法做了，几乎蚀了本。妻子想起自己平时存下的糖，就拿了出来，化解了商人的燃眉之急，还小挣了一笔钱。

每天收集一点点糖，就能集腋成裘换来危难时刻的那一桶金。每天节约一点点，就会有无尽的惊喜等着你。

【简朴的生活让你专注于自己的事业】

一个奢侈成风、沉溺于奢华享受的人是很难有所作为的，当一个人把精力放在吃穿用度上，想的全是如何过奢靡的生活时，就很容易“玩物丧志”，一个人把主要的精力投放于香车宝马上时，损失的不仅是金钱，还有时间。

两次获得诺贝尔奖金的居里夫人一直过着简朴的生活。她和彼埃居里结婚时的新房里，只有两把椅子，正好一人一把。居里觉得两把椅子未免太少，建议多添几把，为的是来了客人好让人家坐一坐。居里夫人却说：“有椅子是好的，可是，客人坐下来就不走啦。为了多一点时间搞科学，还是一把不添吧。”

几度春秋之后，这对没有给自己的新房增添一把椅子的年轻夫妇，却给世界化学宝库增添了两件闪闪发光的稀世珍宝——钋和镭。

从 1933 年起，居里夫人的年薪已增至 4 万法郎，但她照样“吝啬”。她每次从国外回来，总要带回一些宴会上的菜单，因为这些菜单都是很厚很好的纸片，在背面书写物理、数学算式，方便极了。她的一件毛料旅行衣，竟穿了一二十年之久。有人说居里夫人一直到死“总像一个匆忙的贫穷妇人”。

有一次，一位美国记者追踪这位著名学者，走到村子里一座渔家房舍门前，他向赤足坐在门口石板上的一位妇女打听居里夫人，当她抬起头时，记者大吃一惊：原来她就是居里夫人！

所谓“创业容易守业难”，随着生活条件的改变，便有人把注意力放在了享受上，贪图安逸、竞相攀比，在他们一掷千金的背后是一颗空虚的心灵，无所事事的结果带来的当然是败业，“由俭入奢易，由奢入俭难”，一旦养成了奢侈的生活习惯再想返璞归真，就是难上加难。记住，每当你把别人用在事业上的时间花在吃喝玩乐、穿衣打扮上时，你多花一分钱，你付出的就是十倍百倍于别人的代价。

古罗马皇帝朱斯蒂尼安一世在临终时，给罗马人留下这样一句遗言：“勤奋工作，简单生活。”当时，他的周围聚满了士兵。罗马人有两条伟大的箴言，那就是“勤奋”与“功绩”，这也是罗马人征服世界的秘诀。那时，任何一个从战场上凯旋的将军都要解甲归田，重过简朴的生活。那时在罗马，最受人尊敬的工作就是农业生产。正是全体罗马人的简朴，终于使这个国家逐渐变得富强。

但是，当财富和奴隶慢慢增多时，罗马人开始觉得劳动变得不再重要了，于是，他们忘记了那句朴实的真理，把精力投在了享乐与竞相攀比上，结果导致罪犯增多、腐败滋生，这个国家开始走向衰败，一个伟大的帝国最终沦亡了。

【通往财富的窟窿】

罗蒙诺索夫出生于俄国一个渔民家庭，童年时代生活非常贫困。成名以后，罗蒙诺索夫仍然保持着简朴的生活习惯，毫不讲究穿着，而是埋头于学问研究。

有一次，一个专爱讲究衣着却不学无术而又自作聪明的人看到罗蒙诺索夫衣袖的肘部有个破洞，就指着窟窿挖苦说："大家从那儿可以看到您的博学吗？先生？"

罗蒙诺索夫毫不迟疑地回答："不，一点也不！但是，先生，从这里可以看到你的愚蠢。"

爱尔兰作家萧伯纳也曾说过："认为节俭是一种不漂亮的行为的人是最荒唐无稽的。"罗蒙诺索夫的窟窿正映衬出了那些以貌取人、视节俭为耻辱的人的无知，凡是能保持事业长盛不衰、财富源源不断的人总会留住这个"窟窿"的本色。在一个人老得哪儿也去不了时，这个窟窿会使他的一生都安枕无忧。永远不要鄙视这个窟窿，它正是一个人、一个家族不会衰败的根基。"一个人生活越节约，他的心灵与上帝越接近。"而一颗节约的心会永远得到上帝的庇护的。

小窍门：如何做一个节俭持家的人？

(1) 训练自己有计划地使用钱。要学会预算，超出预算内的金钱要三思而用之，绝不可随便多花一分钱。

(2) 约束购物欲望，理智消费。在你心情不好的时候不要出门购物，因为这时候的你常常会把郁闷的心情发泄在购物上而买回一大堆自己并不需要的东西。记住：不需要的东西买了，即使再便宜也是浪费。

（3）拥有一个只进不出的账户。在银行设立一个账户，每隔一段时间都定期往里存一定的钱，不管多么拮据，都不要轻易花里面的钱。

（4）意外收入也要一视同仁。当有一笔超出你预期的财富划入你的账户时，千万不要因为这是意外之喜而肆意挥霍，把它看作是你用劳动获得的一部分，珍视它，绝不纵容自己在使用它时大手大脚。

扫码获取
更多资源

细节有时决定成败

所谓“一树一菩提，一沙一世界”，生活的一切原本都是由细节构成的，如果一切归于有序，那么决定失败的必将是微若沙砾的细节，正如柏拉图所说：“如果没有小石头，大石头也不会稳稳当当地矗立着。”在人生的沉浮中，有时决定我们是立于顶峰还是匍匐于平原的往往就是细节，只有那些认真书写细节的人，才会在人生的白纸上留下一篇优美的文章。

有一次，友人拜访米开朗琪罗，看见他正为一个雕像做最后的修饰。然而过了一段日子，友人再度拜访，看见他仍在修饰那尊雕像。

友人责备他说：“我看你的工作一点都没有进展，你动作太慢了。”

米开朗琪罗说：“我花许多时间在整修雕像，例如，让眼睛更有神，肤色更美丽，某部分肌肉更有力，等等。”

> 幸运的机会好像银河，它们作为个体是不显眼的，但作为整体却光辉灿烂。同样，一个人若具备许多的细小的优良素质，最终都可能成为带来幸运的机会。
>
> ——（英）培根

友人说：“这些都只是一些小细节啊！”

米开朗琪罗说：“不错！这些都是小细节，不过把所有的小细节都处理妥当，雕像就变得完美了！”

人们追求完美，明知完美不可企及仍然苦苦追求，而完美在哪里呢？它就隐匿于不为你所察觉的细节中，就在你没有察觉的过程中，完美从你的身旁悄悄溜走了。实际上，不仅完美藏于细节，有时你的命运也会被一个小小的细节所掌控。

【关注细节，改写命运】

13，在西方一向被认为是一个不吉祥的数字。然而，作为英国皇家卫队队长哈特菲尔德的墓志铭，却只有赫赫醒目的一个数字：13！

原来，在英国维多利亚女王时期的一个13号星期五晚上，白金汉宫的卫兵哈特菲尔德被指控在夜间值勤时睡着了。几经渲染，这就成了一个不严惩不足以振军纪的大问题。不然，据说女王的安全就将受到威胁。就这样，哈特菲尔德被军事法庭判了死刑。

就在处决的前夕，哈特菲尔德终于想起了一个细节："我那天夜里没有睡觉，我听见议会大厦的钟声在午夜响了13下！"这实在是一个足以轰动朝野以确定能否定罪的证据。于是，法官决定暂缓执行，并命令进行一次补充调查。调查发现，那天夜里确实有不少人听见议会大厦的钟声在深夜响了13下。而且，他们都表示愿意出庭作证。一位专家检查了议会大厦的钟后确信，那天夜里，钟里的一根发条出现过异常，表示凌晨1点的那下钟声确实是在子夜刚敲过12下以后就立即响了起来，所以听者无疑就会认为是钟声响了13下。

哈特菲尔德重新被带进了军事法庭。这一次，他被宣布无罪释放。

不久以后，哈特菲尔德成了皇家卫队队长，而且一直活到了100多岁。按照他的遗嘱，人们在他的墓碑上刻下了一个醒目的数字：13！

一个小小的"13点"挽救了一个人的一生，并不是生活捉弄我们，也不是偶然嘲讽我们，而是这一切看似充满戏剧性的事件都包容在一个必然的法则中——生命的质量，取决于对细节的尊重，也许细节挽救生命这样的事例确属罕见，但细节有时却能让人在生存的竞争中分出雌雄。因为有的时候，世界上最伟大的壮举还不如生活中一个真实的细节有意义。

自新任老板长川上任以后，常磐百货公司营业额每年翻一番，其经营物品几乎包揽了全县所有人的日常生活用品和食品。

长川成功的秘诀是什么呢？

原来他刚刚到常磐百货公司上任时，公司只是一个很普通的生活用品商场，和他们公司同样大小的百货公司县城还有五家。怎样才能在竞争中尽快地出效益呢？

如今人们买东西常集中采购，为防止丢三落四，先写一个购物清单。有一次，长川看见一位女顾客买完一件东西要走时，把一个纸条扔到商场门口的纸篓里，他马上跑过去捡起来，发现上面写的顾客需要的另两种东西，他们商场里也有，只是质量不如顾客点名要的品牌好，他根据这一信息，更换了该商品的品牌，果然有很好的效果。于是长川经理开始每天把废纸篓里的纸条全部捡回去，仔细研究顾客的需要。很快地，他就知道了顾客对哪几类商品感兴趣，尤其青睐哪几种牌子，对某类商品的需要集中在什么季节，顾客在挑选商品时是如何进行合理搭配的，等等。在长川经理的带动下，常磐百货公司总是以最快的反应速度适应顾客，并且合理地引领顾客超前消费，一下子把顾客全部拉进了他们的店里。

正是这废纸篓里的小纸条在日积月累中成就了长川，使其力压群雄，在竞争中脱颖而出。也许，长川的工作能力和许多凡人无异，但对细节的关注程度却使他和别人走向了不同的道路：前者是卓越，后者是平庸。

【马失社稷】

国王理查三世准备拼死一战了。里奇蒙德伯爵亨利带领的军队正迎面扑来，这场战斗将决定谁统治英国。

战斗进行的当天早上，理查派了一个马夫去备好自己最喜欢的战马。

“快点给它钉掌，”马夫对铁匠说，“国王希望骑着它打头阵。”

“你得等等，”铁匠回答，“我前几天给国王全军的马都钉了掌，现在我得找点儿铁片来。”

“我等不及了。”马夫不耐烦地叫道，“敌人正在推进，我们必须在战场上迎击敌兵，有什么你就用什么吧。”

铁匠埋头干活，从一根铁条上弄下四个马掌，把它们砸平、整形，固定在马蹄上，然后开始钉钉子。钉了三个掌后，他发现没有钉子来钉第四个掌了。

“我需要一两个钉子，”他说，“得需要点儿时间砸出两个。”

“我告诉过你我等不及了，”马夫急切地说，“我听见军号了，你能不能凑合？”

“我能把马掌钉上，但是不能像其他几个那么牢实。”

“能不能挂住？”马夫问。

“应该能，”铁匠回答，“但我没把握。”

“好吧，就这样，”马夫叫道，“快点，要不然国王会怪罪到咱们俩头上的。”

两军交上了锋，理查国王冲锋陷阵，鞭策士兵迎战敌人。“冲啊，冲啊！”他喊着，率领部队冲向敌阵。远远地，他看见战场另一头几个自己的士兵退却了。如果别人看见他们这样，也会后退的，所以理查策马扬鞭冲向那个缺口，召唤士兵调头战斗。

他还没走到一半，一只马掌掉了，战马跌翻在地，理查也被掀在地上。

国王还没有再抓住缰绳，惊恐的畜生就跳起来逃走了。理查环顾四周，他的士兵们纷纷转身撤退，敌人的军队包围了上来。

他在空中挥舞宝剑，“马！”他喊道，“一匹马，我的国家倾覆就因为这一匹马。”

他没有马骑了，他的军队已经分崩离析，士兵们自顾不暇。不一会儿，敌军俘获了理查，战斗结束了。

从那时起，人们就说：

少了一个铁钉，丢了一只马掌，

少了一只马掌，丢了一匹战马。

少了一匹战马，败了一场战役，

败了一场战役，失了一个国家。

所有的损失都是因为少了一个马掌钉。

很多年过去了，这场战役被莎士比亚浓缩为一句话：“一马失社稷。”我们常为英雄末路而扼腕，可是在历史的铁的法则面前，一切都是冷酷无情的，小小的铁钉毁灭了一个国家，既是一种偶然，也是一种必然，对小错误的偶然性疏忽导致了大错误的必然发生。于是，留给后人的只有无奈与叹息了。其实，世界上本没有难事，易事做多了，难事也便化解了，正如世界上本没有大事，小事积起来，大事也就做成了。魔鬼在细节，天使也在细节，成功与否往往就在有没有这枚小小的铁钉之间。

品格比外表更重要

品格可以为青春增添光彩，为皱纹和白发增添威严，它是一种内在的力量，它的存在能直接发挥作用，而无需借助任何手段，外表的美则是一种魅力，而这种魅力固然能够引起人的欣赏，却很快走向消失。

【品格征服人心，外表征服感官】

在人的一生中，尤其是年轻时所容易犯下的最大错误就是为容貌的美丑所束缚而不考虑关系到整个人生的品格之美。而事实证明，倚仗外表的人往往由于外表而毁灭，倚仗品格的人却因此而永生。

在新奥尔良的一个大广场上伫立着一座漂亮的大理石雕像，在雕像上有这样几个字："玛格丽特雕像，新奥尔良。"

在黄热病疯狂蔓延的情况下，玛格丽特活了下来，成了一个孤儿。很早的时候，她就嫁人了，但不久她的丈夫就死去了，还有她唯一的孩子也死了。她非常贫穷，也没有文化，除了会写自己的名字外她几乎完全不会写字。于是，她就去了女子孤儿的收容所工作。她从早到晚地忙碌，将整个生命都投入到为了这些孤儿的工作中去。当一家新的漂亮的收容所建造起来后，玛格丽特和这些修女从原先艰苦的条件下摆脱了出来。后来，玛格丽特在这个城市开了一家自己的乳品面包店。

> 有比快乐、美貌、艺术、财富、权势、知识、天才更宝贵的东西值得我们去追求，这极为宝贵的东西就是优秀而纯洁的品格。
>
> ——（英）塞缪尔·斯迈尔斯

每个人都认识她，并且资助她购买运奶的小车和烤面包炉。玛格丽特非常努力地工作着，节省下每一分钱来帮助那些孤儿，其实她已经把这些孤儿当成自己的亲生孩子了。她从来就没穿过一件丝绸衣服，也没有戴过一副羊皮手套，她长得也不漂亮，但当她离开人世后，这座城市却为这位孤儿的朋友和保护者建造了一座美丽的纪念雕像，作为对一个美丽的、有益的、无私的人的感激。

玛格丽特的外表不是美丽的，然而她死后她的美丽却成了这个城市的象征，而多少美女随着年龄的增长不再被人们所欣赏，外表的美固然能从视觉上给人以强烈的冲击，外表的美是会消退的，而内心的美却愈久弥真。

【品格让你一飞冲天，外表使你匍匐地面】

孔雀常为自己有一身美丽的羽毛而得意，它认为自己可与人类的皇后相媲美。遗憾的是鸟类中几乎没有人把它当成高贵的皇后来看待。

一天，有只鹤刚好路过孔雀身边。

“喂，你就不能停下脚步看我一眼吗？”正在开屏的孔雀喊住了步履匆匆的鹤。

“对不起，我还有很多事等着要做，没时间欣赏你的羽毛。”鹤说完，又迈开了大步。

孔雀却拦住了鹤的去路，并嘲笑它，讥讽它灰白色的羽毛，说：“我的衣饰像个皇后，不仅有金色还有紫色，还具有彩虹所有的色彩，而你呢，你的翅膀上连一点点彩色也没有。”

“这一点都不错，但是我一飞冲天，声音闻于星空，而你却只能在地下，像鸡一样，在满是粪堆的院子里，在家禽之间来回闲逛。”

孔雀因为有一身漂亮的羽毛，就理所当然地认为自己是最高贵的了。它趾高气扬地去嘲笑鹤，却不知道，高贵来自于内在心灵而不是外表、衣饰。以品格支撑起来的高贵是不需要任何装饰来加以衬托的。

同样，决定一个人高贵与否，重要的是看他的品行，而不是看他说得如何，穿着怎样。如果你素质低下，终日游手好闲，虚度光阴，那么，即使你全身用名牌武装，也无法使你变得高贵起来。

要让自己变得高贵，首先就得陶冶自己的情操，让自己成为一个品格高尚的人，只有华丽的外表，而没有内心的修养，这样的人不仅不受欢迎，反而还会遭到人们的唾弃。

一个没有良好品格修养的人，也完全不适于与之有生意上的往来，因为与这样的人打交道，你很难保证他讲信誉，并遵守生意场上的规矩。

总之，高贵离不开一点：品格的完美。如果没有良好的道德品质，完美的内心世界，再漂亮的外表，也只能充当服装店里的衣架子而已。也许，在你刚步入职场，结识朋友时，外表会帮你随心所愿，但日久见人心，随着时间的流逝，能让你一飞冲天的只有靠品格的冶炼来实现，而只注重自己外表的人注定会永远匍匐于地面。

【品格的影响无孔不入，外表仅能换来虚名】

日本哲学家西田几多郎说过："善行为就是一切以人格为目的的行为。人格是一切价值的根本，宇宙间只有人格具有绝对的价值。"品格换来的是品格，而外表只能和外表做交换。

一天，一个中年妇女见自己家门口站着三位老人，便上前对老人们说："你们一定饿了，请进屋吃点东西吧！"

"我们不能一起进屋。"老人们说。

"为什么？"中年妇女不解。

一位老人指着同伴说："他叫成功，他叫财富，我叫善良。你现在进屋和家人商量一下，看看需要我们当中哪一位？"

中年妇女进屋和家人商量后决定把善良请进屋。她出来对老人们说："善良老人，请到我家来做客吧。"

善良老人起身向屋里走去，另两位叫成功和财富的老人也跟进来了。

中年妇女感到奇怪，问成功和财富："你们怎么也进来了？"

"哪里有善良，哪里就有成功和财富。"老人们回答说。

也许你会说："善良真的如此重要吗？"

是的，善良的品格的确很重要。

品格是伦理道德范畴中最基本的概念，这一概念的具体体现就是善行，就是善举，就是对社会、对他人做一些符合道德要求的、具有有益后果的事情。一个社会善行越多，那么，这个社会的道德风尚就越高，人际关系就越融洽，社会的凝聚力、亲和力就越高，这个社会就会越稳定，而社会上的罪恶必能减少。

不过，要真正学会行善不是一件容易的事，因为善与恶是相对立的伦理道德。那些真正的行善者都是真诚的、道德品质高尚的人。这些行善者的心是宽容的，他们待人厚道，心灵质朴，因此，常能获得人们真正的友爱。做人，从小就要讲求有一颗善良的心。有了善心，你就会受到生活的眷顾；有了善心，你就不会做出奸诈险恶的事情，因而你也不会受到外界的诱惑。

林肯瘦弱无比，从外表上人们很难把他与美国总统联系在一起，而在美国人民心里，他却是分量最重的一位总统，这是由于他的精神是最为高贵的，他的形象伟岸而有力，具有先知般的能力。你越接近和了解他，就越感到他的圣洁与公正。众所周知，祖国的统一是他的志向所在。我们还知道，不管别人如何堕落、如何自私、如何空虚和可恨，林肯绝对不会。

正如史蒂芬所说，他为了祖国统一这一高尚而又神圣的事业，奉献了自己的全部。没有一个人像林肯那样重视人生的戒律，每一个行为都好像在上帝的监视之下完成的。

林肯像马库·阿勒留斯一样深沉，像马克·吐温一样幽默，像伊索一样纯洁，像东方人一样敏感。他平静而又有力，庄严而又忧郁。他像站在上帝的庙堂里一样站在白宫，他像美国所有牧师一样，为美国的自由、公正、幸福而工作。

他是一个平凡、简单而又亲切的人，他知道人性在某些地方受到了伤害，他要医治好这些创伤。他的名字将永远被人们所铭记，因为他的品格可以唤起我们的美好天性，反驳我们的冷嘲热讽，使我们忠诚于全人类的事业和自己的工作。

1892 年在芝加哥召开了一次由各宗教界领袖参加的会议，开幕式上提到了很多领导者的名字，有保罗、弗朗西斯、路德、莱辛，而当提到林肯名字的时候，人们全体起立，报以热烈的掌声。

对于各个种族的人来说，林肯的名字已经不仅仅意味着一个朋友、邻人和英雄，他已经成为人们心目之中的圣人！

正是因为林肯拥有这么多美好的情操，正是因为他的魅力来源于他的品格而不是外表，他的影响力才旷日持久，渗透到每个人的内心深处，在他身后，是经久不息的民主、平等的理念，而不是易逝的虚名。

品格和外表的关系在男女爱情上是最容易被证实的，如果你看重的是品格，对方给你的也是品格；如果你只重外表，对方也会只注重你的外表，对此，奥地利精神分析专家弗洛伊德就曾教导过他的女儿。1908 年，弗洛伊德 21 岁的大女儿玛塞尔德患上了慢性病。玛塞尔德身体比较胖，再加上长期遭受疾病的折磨，心情沮丧的她开始对自己未来的婚姻感到绝望。玛塞尔德在奥地利的乡下休养期间，她的父亲在信中耐心地教导她：

“我对你有前景充满信心，这主要是因为在我看来，你是一位很有魅力的姑娘，而且我深深知道，在现实生活中，一个姑娘的命运并不是由外表漂亮所决定的，起决定作用的是她的素质与品格。你的镜子会告诉你，你是一个与众不同的好姑娘；而你的记忆将向你证实，你曾想方设法地在人群中撒播尊重与同情的种子。因此，我对你的未来十分乐观，你也应当对自己的未来十分乐观。你是我可爱的女儿，我为有你这样的女儿深感自豪。

“我年轻的时候，我也曾经有过类似的苦恼与消沉。那时候，我总觉得自己将来找不到理想的伴侣，美满的婚姻对我来说只是一种奢望。但后来，那种奢望变成了现实。”

女儿玛塞尔德听从了父亲的指导，果真有了很好的收获。一年之后，她与一位名叫罗伯特·赫里斯切尔的威尼斯商人结了婚。而她的一位容貌出众、擅长打扮的女同学也同样嫁给了一位外表英俊的帅小伙。

三年过去了，玛塞尔德的言行、品格时时感动着自己的丈夫，这位最初还因玛塞尔德不够漂亮而感到遗憾的丈夫彻底改变了自己的观点，而且自身的人格也因受到玛塞尔德的影响而日益完善。而她那位漂亮的同学却被她那位英俊的丈夫所抛弃，因为他又将目光投向了另一位更为年轻漂亮的女士身上。

品格能影响你的婚姻，你的一生，而外表除了换来一个“金童玉女”的称呼，在时间面前却无能为力，唯有人的品格才能经得起风雨，我们的所作所为足以说明我们是什么样的人，人品给人的印象是外表改变不了的，因为外表影响的是人的心情，品格影响的则是人的命运。

失去信用是最大的失败

“得黄金百斤，不如得季布一诺。”这样的赞誉送给的是秦末汉初的季布，凡是他答应做的事情，一定做到，因此，他在那个时代名满天下。他曾在项羽军中做过军官，并曾多次把汉军打败，打得刘邦狼狈不堪。后来项羽被围自杀，刘邦建立汉朝做了皇帝，旧仇不忘，悬赏千金捉拿季布：谁敢隐藏季布，抄斩三族。由于季布威信很高，没人贪财告发他，反而有人敢冒险保护他。“一诺千金”的成语就来源于此。不过，在我国古代还有一个比季布更守信的人，他叫季札。

有一次，季札出使北方各国，经过徐国。徐国的国君接待他的时候，见他佩带的一口宝剑，流露出非常爱慕的样子。季札当时就觉察到了，可是他还要到别的国家去做客，不能把佩剑送人，心想：回来再送也不迟。

> 失去了信用，就再没有什么可以失去的了。
>
> ——（英）普卜利乌斯·绪儒斯

不料季札从北方回来，再到徐国的时候，徐君却已去世。季札很觉怅惘，便找到徐君的墓地，把宝剑解下来，挂在墓前的树上，再拜而去。随从人员对季札说：“徐君已经死了，还把宝剑送给他干什么，岂不是白扔了吗？”季札说：“不，我已经答应把宝剑送给他，不能因为他死了，我就可以失信！”随从说：“你并没有答应过他呀……”季札说：“我虽然嘴上没有答应过，可是我确实心已许之。”

仅仅因为一个“心已许之”，就把心爱的宝剑赠送于人，而且还是已死之人，古人就是这样信守自己的诺言的。

【人无信不立】

美国政治家罗斯福说过：“做一个有信义的人胜似做一个有名气的人。”也许有一天，你会失去你所拥有的地位、财富、权力，但是你做人的信用却不会被时间冲刷掉，它是你人生无形的财富。

为什么即使刘邦出赏金千金，也不会有人为了贪财而出卖季布，为什么曾子为了不失信于3岁的儿子，即使一句玩笑话他也会操刀杀猪？大丈夫顶天立地，凭的就是一个“信”字。

商鞅为了推行新法，在城门“立木为信”，正是他这种“言必信，行必果”的精神才使广大百姓心悦诚服，并借此实现了自己变法的伟大愿望。

法国作家巴尔扎克曾说：“遵守诺言就像保卫你的荣誉一样。”在人们心里，守诺言、重信用的人往往也是一个有责任心、知书达理的正人君子，而只有那些虚伪圆滑的小人才会做出背信弃义之事。

失去了信用，就会像那个大叫“狼来了”的小孩陷于孤立无援的境地，如果当你陷入四面楚歌的境地才想起失信的后果而悔不当初时，恐怕等待你的只有是失信的苦果了。所以，不论何时何地，一定要记住：“不要违背自己的诺言，否则别人也会违背对你的诺言。”

【一诺千金须到尽头】

一个人守一次信用并不难，难的是一辈子次次守信用。而一旦一次失信于人，很可能长期守信得来的信用，就会毁于一旦。

清代的蔡璘是一个重承诺、守信用的人，所以朋友们都十分信任他。有一次，他的一位好友把一笔钱寄存在他那里，并且说：“不用立字据了，我相信你。”不久，这位朋友竟然病逝了。直到死前他也没有对家人提起有钱存在蔡家的事。

蔡璘得知朋友去世了，非常伤心。他特意把朋友的儿子请到家里来，拿出朋友寄存的财物，说：“这是你父亲生前放在我这里的，现在你拿回去吧。”朋友的儿子见这么多钱财，不肯接受。他问蔡璘是否有字据，蔡璘摇头表示没有。朋友的儿子说：“怎么会没有字据呢？况且父亲从未提起过此事。”蔡璘解释道："你的父亲非常信赖我，所以没有立下字据，也没有对你讲过这件事，但请你一定要相信我的话，这些财物的确是你父亲留下的。"朋友的儿子听后，还是不肯轻易接受。在蔡璘的再三劝说下，朋友的儿子才不再推辞，收下了父亲留下的财物。

从此以后，蔡璘重承诺、守信用的美德广为传颂。

信用总是难得易失的，费十年工夫积累的信用，往往由于一时一事的言行而失掉，所以爱惜信用的人一定会谨慎行事，不致酿下失信的苦果。

有一个故事，讲的是一名留学德国的外国学生，寒窗苦读，成绩优异。毕业后他雄心勃勃地去一些大公司求职，可是屡屡碰壁。万般无奈之下，他不得不放下架子，屈尊到一家小公司求职，可仍然遭到拒绝。这位留学生忍无可忍，拍案而起："你们这是种族歧视！"小公司的人事主管把他拉到无人处，从其档案中抽了一张纸，他这才看到了这张纸上有他乘坐公共汽车三次逃票被抓的记录。在德国，乘公共汽车被抓的记录为万分之三，可以推断，这位留学生在德国留学期间，几乎没有购票乘车的记录！面对这份档案，他无言以对。

千金散尽还复来，唯有信用，一旦失去，你该如何为自己收场？没有人能够永远不犯错，但是在事关信用的事上，即使无人监督，你也不要轻易放自己一马。蔡璘的朋友已死，他尚且为了坚守诺言而对重金不屑一顾，而现代人呢？一诺千金更要做到尽头，要时时刻刻扪心自问：失去了信用，你还拥有什么？

【越是在难以守信的时候越要讲信用】

答应别人的事一定要做到！其实，如果这样的事是无关紧要的小事，也许很多人都能践行自己的诺言。可是，正像逆境见真情一样，在难以坚守信用的时候守住自己的誓言才是真正的守信者：

王安是一家私营公司的老板，那年他向友人借了一笔钱，没有财产担保，也没有存单抵押，有的只是一句话："相信我，年底无论如何都还你。"

到了年底，王安的公司资金周转非常困难，外债催不回来，欠款又催得紧，为了还朋友这 40 万元，他绞尽脑汁才筹足 20 万元，余下的 20 万元怎么也筹不到。怎么办？老婆劝他给朋友求求情，宽限两个月，王安摇摇头，公司里的"高参”给他出主意说：反正你朋友也不急用钱，不如先还朋友 20 万元现金，其余的开一张空头支票，等账户上有了钱再支付。王安勃然大怒，呵斥这位“高参”是没有信用的人，并毫不犹豫地辞退了这位跟他多年的搭档。最后他决定用自家的私房去抵押贷款，但银行评估房屋价值 24 万，只能抵押 18 万元。王安横下一条心，与老婆郑重商量后，把房子 20 万元低价卖出去，终于筹齐了 40 万元。一家人在市郊租了间房屋住。

朋友如期收回了借款，星期天准备约一帮人到王安家去玩玩，却被他委婉地拒绝了，朋友不明白平日豪爽的王安为何变得如此“无情”，便一个人驱车前去问个究竟。

当朋友费尽了周折在一间农舍里找到王安的“家”时，只觉得一股热流直冲泪腺，眼睛湿润了。然后紧紧地拥抱着王安，一个劲地点头，临别时朋友掷地有声地留下一句话：“你是最讲信用的人，今后有困难尽管找我！”

不久，王安的公司陆续收回了欠款，生意做得红红火火，他又买了新房、添了小车。然而，天有不测风云，正当他在商场上大展拳脚时，却被一家跨国公司盯上，那家公司千方百计挤占他的市场，并勾结其他公司骗取他的贷款。王安的公司遭受了沉重的打击。公司垮了，车子卖了，房子押了，他破产了，不仅一无所有，而且负债累累。

王安想重整旗鼓，但是巧妇难为无米之炊，他想贷款，却没有担保人和抵押物。他向亲友借，然而很少有与他在钱上打交道的亲戚，怎会轻易将大把的钱借给他呢？在他走投无路的时候，又想起那位曾经借钱给他的朋友；他带着试一试的心理，找到了朋友。

朋友没有嫌弃失魂落魄的他，不顾家人的反对，毅然再借给他 40 万元。他有些颤抖地捧着支票，咬咬牙，坚定地说：“最多两年我一定还给你！”两双关节粗大的手紧紧地握在一起，朋友点头说：“我信！”

曾经溺过水的王安再到商海里搏击，自然会小心谨慎，而又遇乱不惊。他又成功了，两年后他不仅还清了债务，而且还赚了一大笔，重新跨入大款行列。每每有人问他怎样起死回生时，他便会郑重地告诉你：“是信用！”

试想一下，如果王安在他困难的时候为了应眼前之急而没有按时还清借朋友的钱，那么，就不会有以后的 40 万，他就真的破产了，而正是他这种不管面临什么样的情况，都要克服困难，宁使自己一时为难的精神为他带来了雪中送炭的 40 万。为了一时利益而失信于人，就像故事中的那位“高参”，这样的人等待他的只有失信的苦果。

在人生的路上，任何的失败你也许都能补救，唯有失去信用的后果是你所难以逆转的，在所有的原则中，任何绝对的原则都有灵活性，唯有信用的原则是绝对不能妥协的！如果你不想品尝失败的果实，那么就从现在开始播下信用的种子，像捍卫你的荣誉一样来践行你的诺言！

避免结交不良之人

古语说："常居芝兰之室不闻其香，久处鲍鱼之肆不闻其臭。"的确，近朱者赤，近墨者黑，与什么人为伍，就受到什么人的影响。所以，交朋处友一定要谨记：避免结交不良之人。

与人交友，是有先决条件的，"物以类聚，人以群分"便是这个道理，朋友间总是有共通共融的地方，总是一个相互弥补、彼此认可的过程，这样的友谊才能长久。

【差距太大做不了真正的朋友】

一般来说朋友间的地位都是相对对等的，即使外在不对等，在心理上也能维持相对的平衡。

而外在和内在都无法对等的人也做不了真正的朋友。

平常的小人物要是勉为其难，硬是要"傍大款"、"攀高枝"……只能使自己黯然失色、一无是处……

> 要么相信上帝，要么相信魔鬼，就是别又信上帝又信魔鬼。一个好的坏蛋比一个坏的正人君子强。
>
> ——（苏）高尔基

吴起是战国时期著名的军事家，在他担任魏军统帅时，与士兵同甘共苦，以诚心换得士兵的忠心，他待他的士兵就像朋友一样。

有一次，一个士兵身上长了个脓疮，作为一军统帅的吴起，竟然亲自用嘴为士兵吸吮脓血，全军上下无不感动，而这个士兵的母亲得知这个消息时却哭了。

有人奇怪地问："你儿子不过是小小的兵卒，将军亲自为他吸脓疮，你为什么哭呢？你儿子能得到将军的厚爱，这是你家的福分哪！"

这位母亲哭诉道："这哪里是在爱我的儿子啊，分明是让我儿子为他卖命。想当初吴将军也曾为孩子的父亲吸脓血，结果打仗时，他父亲格外卖力，冲锋在前，终于战死沙场；现在他又这样对待我的儿子，看来这孩子也活不长了！"

人非草木，孰能无情，有了这样"爱兵如子"的统帅，部下能不尽心竭力，效命疆场吗？

这个历史故事在今天的社会是有着另外一种诠释的。

不可否认，确实有真情实感在历史故事的里面。可老母亲哭得也没有错，吴起是在收买人心、利用士兵淳朴的情感。

士兵与统帅之间，地位有天壤之别，为了维系、报答那份情感，士兵所能付出的只有他的生命。

代价是不是太高昂了？

换句话说，结交使你黯然失色的朋友，你就要付出高昂的代价，其中包括自尊心、尊严；还要时时处于被利用的地位……想一想，一件对"大人物"来说很容易办到的事情，对一个"小人物"而言则难于上青天。

你能负担得起那么高昂的代价吗？

在一家日资企业，一天，各部门接到电话，下班之后在贵宾厅召开职工大会。有些人感到很纳闷，为什么放着会议室不去，而是去贵宾厅开会？因为在员工们眼里，日本人很机灵，甚至有人议论说："老板又在搞什么小把戏？"

当全厂人陆陆续续地走进贵宾厅时，眼前的一切简直把他们惊呆了。只见每张桌子上摆满了水果、饮料等各类食品。尤其是一名60岁的老门卫，看到眼前的一切，以为走错了地方，正要离开时正好碰上了老板，老板一看他要走，便毕恭毕敬地把他请了回来。

老板走上讲台，恭恭敬敬地向大家行礼，说："今天，把大伙召集起来，同大伙开一个聊天会。大家可以畅所欲言。提问题、讲困难，提意见或建议，说工厂的、家里的事都可以。"

人们看到老板不时地往工人手里塞苹果，热情地倒饮料，并微笑着同大伙打招呼，便积极地为工厂出谋划策。

老门卫激动地说：“我这一辈子还是第一次开这样的会。一个看门的，本来就是在厂门口的，再踢一脚就出门了。老板看得起我们，我们看门的一定要好好干，看好这个家。”

此后，老门卫干活也更卖劲了，恨不得一天干上25小时。可是后来事情发生了变化，老门卫居然要和日本老板做朋友，他觉得日本老板尊重他是把他当成朋友了，他也要把老板当朋友。结果可想而知，老门卫永远也进不了日本老板的那个阶层，充其量他们顶多是见面点点头的熟人关系。老门卫感觉受到欺骗，回家务农了，这对他而言未必不是一件好事。

不要结交使你黯然失色的朋友，否则就是自己和自己过不去，最起码心理是无法平衡的。

要知道，朋友是个分量很重的词汇，里面蕴含着丰富的涵义。和雇用与被雇用的关系，同事与同事关系相比，朋友关系要深刻得多。朋友关系里面，情感比重占得相当大，是无价的，是无法用价值计算的。结交使自己在各个方面都黯然失色的朋友就等于是彻底否定自己，让自己处在十分尴尬的位置上，上不能上，下不能下，吊在半空，一点都不踏实，多难受。

【提防有人格缺陷的朋友】

请检视一下自己周围的朋友、同事，看看有没有喜欢到处传话的人，如有，在他面前你说话千万要小心；看看有没有背后告密的人，如有，赶紧躲得远远的，沾上这种人，也就和是非沾上了边。这种长舌人之所以可怕，是因为他的舌长的时机是有选择的，他告密的目的就是谋取好处，甚至是从你的被伤害中谋取好处。

还有一种朋友，可能此时对你真诚相待，彼时却突然翻脸不认人。至于何时真何时变，完全根据现实的利益需要。这种人就像变色龙一样一辈子会以几种面目示人，让你琢磨不透，更无法防范。

1898年，以康有为、梁启超为首的维新派，在中国掀起轰轰烈烈的维新变法运动。

他们的活动得到光绪帝的支持，但他是一个没有实权的皇帝，慈禧太后控制着朝政。光绪帝想借助变法来扩大自己的权力，巩固自己的统治地位，打击慈禧太后的势力。作为慈禧太后，她当然感觉出自己权力受到威胁，所以对维新变法横加干涉。于是，这场变法运动实际上又变成了光绪帝与慈禧太后的权力之争。在这场争斗中，光绪帝感到自己的处境非常危险，因为用人权和兵权均掌握在慈禧的手中。为此光绪帝忧心忡忡，有一次他写信给维新派人士杨锐："我的皇位可能保不住。你们要想办法搭救。"维新派为此都很着急。

正在这时，荣禄手下的新建陆军首领袁世凯来到北京。袁世凯在康有为、梁启超宣传维新变法的活动中，明确表态支持维新变法活动。所以康有为曾经向光绪帝推荐过袁世凯，说他是个了解洋务又主张变法的新派军人，如果能把他拉过来，荣禄——慈禧太后的主要助手——的力量就小多了。光绪帝认为变法要成功，非有军人的支持不可，于是在北京召见了袁世凯，封给他侍郎的官衔，旨在拉拢袁世凯，为自己效力。

当时康有为等人也认为，要使变法成功，要解救皇帝，只有杀掉荣禄。而能够完成此事的人只有袁世凯，所以谭嗣同后来又深夜密访袁世凯。

谭嗣同说："现在荣禄他们想废掉皇帝，你应该用你的兵力，杀掉荣禄，再发兵包围颐和园。事成之后，皇上掌握大权，清除那些老朽守旧的臣子，那时你就是一等功臣。"袁世凯慷慨激昂地说："只要皇上下命令，我一定拼命去干。"谭嗣同又说："别人还好对付，荣禄不是等闲之辈，杀他恐怕不容易。"袁世凯瞪着大眼睛说："这有什么难的？杀荣禄就像杀一条狗一样！"谭嗣同着急地说："那我们现在就决定如何行动，我马上向皇上报告。"袁世凯想了想说："那太仓促了，我指挥的军队的枪弹火药都在荣禄手里，有不少军官也是他的人。我得先回天津，更换军官，准备枪弹，才能行事。"谭嗣同没有办法，只好同意。

袁世凯是个心计多端善于看风使舵的人，康有为和谭嗣同都没有看透他。袁世凯虽然表示忠于光绪皇帝，但是他心里明白掌握实权的还是慈禧太后和她的心腹，于是又和慈禧太后的心腹们勾搭上了。如今他更加相信这次争斗还是慈禧太后占上风。所以，他决定先稳住谭嗣同，再向荣禄告密。

不久，袁世凯便回天津，把谭嗣同夜访的情况一字不漏地告诉荣禄。荣禄吓得当天就到北京颐和园面见慈禧，报告光绪帝如何要抢先下手的事。

第二天天刚亮，慈禧太后怒冲冲地进了皇宫，把光绪帝带到瀛台幽禁起来，接着下令废除变法法令，又命令逮捕维新变法人士和官员。变法经过 103 天最后失败。谭嗣同、林旭、刘光第、杨锐、康广仁、杨深秀在北京菜市口被砍了脑袋。

变脸的小人不可交，他们惯会当面一套、背后一套；过河拆桥，不择手段。他们很懂得什么时候摇尾巴，什么时候摆架子；何时慈眉善目，何时如同凶神恶煞一般。他们在你春风得意时，即使不久前还是“狗眼看人低”，马上便会趋炎附势，笑容堆面；而当你遭受挫折，风光尽失后，则会避而远之，满脸不屑的神气，甚至会落井下石。

就拿袁世凯来说，既然维新派主动找上门去，说明他在公众面前有一副维新的面孔。而实际上在维新可能成为主流的情况下，袁世凯也确实看到了维新的现实意义，于是马上与维新派打得火热，一副知己的样子。但一旦他看到了新的机会，他才不管什么朋友呢，自己的利益最重要。马上脸色一变，背后的屠刀早已扬起。

变脸术为正人君子所不齿，但因其屡屡奏效，至今仍被广泛使用着。这种惯于使变脸术的“朋友”，对你永远也不可能有什么真心，所以一旦发现这种小人，就赶快远离他们，千万别被这种“朋友”迷惑住。

扫码获取更多资源

远离赌博

熙攘的社会中，有些人的生活可以用一句话来概括：要么是在赌场，要么是在去赌场的路上。他们在这种群雄逐鹿的生活中将自己变为刀俎上的鱼肉却浑然不知，道德因此黯然失色，人性中的良知因此泯灭，整个社会因此陷入无序和混乱中。喧哗与骚动、贪婪与欲望，人性中最黑暗的东西在这社会的一隅轮番上演着，生活沦为苟延残喘中的挣扎与叹息。

靠10元港币起家的澳门“赌王”何鸿燊，在总结他毕生奋斗的人生经验时，出人意料地说：“不赌为赢。”

纵观其历史，才渐渐悟出其中的深刻道理。

想当初，赌王从香港抵达澳门时，身上仅有10元港币。但他并不是用这10元钱去赌彩撞大运，而是找了一家贸易公司落下脚跟。由于他吃苦耐劳，又善于动脑筋，很快就拉住了一批客户。股东看到他是个可用之才，便邀他入股成为合伙人。他慧眼识商机，用澳门的一些剩余物资如小汽船、发电机等运往内地，换取粮食运回港澳。当时正值兵荒马乱，港澳粮食奇缺，这一来一往，便获厚利。这种独具慧眼的易货贸易，为他以后发展打下了良好的基础。

> 所有赌博的人都死于破产。
> ——（美）格雷泽

赌王的真正机会，在20世纪60年代初，当时承包澳门赌业的一家公司合约期满，有关方面登报公开招商。又是这双慧眼看到了这个千载难逢的发展契机，于是他竭尽全力参与竞标，最后功夫不负有心人，终于以高于对手仅8万元的微弱优势和最小代价获澳门赌业专营权。

拿到了赌业专营权，他并未就此高枕无忧地坐收渔利，而是把赌业作为一项产业来经营。他为了广招客源，投资建立来往港澳的现代化船队，同时又投资兴建直升机场和澳门机场，吸引世界各地的游客。他提出把旅游与赌业结合，以赌业为龙头，带动全澳门的交通、酒店、饮食和旅游全面发展。他一改过去赌场中江湖人士把持的局面，在赌场各级管理人员中，重用懂现代企业管理的知识分子，使赌业由传统的带江湖色彩的行业逐渐向现代化的企业经营管理方式迈进……

不赌为赢，正是他不靠侥幸中彩而靠实干与抓住机遇起家，正是他不靠吃赌混日子而把赌业作为一项产业来发展，正是他不靠江湖义气维系赌业而引入现代管理从而让赌业发展跟上时代的步伐。这一切，都是他“不赌”的前提。

诚然，赌王是以赌业成名的，他的成功，离不开赌业。但他成功的历程，是博弈（棋战），不是博彩（赌博）。博弈，凭的是心智与实力；博彩，则靠的是瞎撞与碰运，撞不上则心灰意冷，碰上了则乐迷心窍。博弈，是全局在胸的行棋，环环相扣与步步进逼，最终达到决胜的顶点；而博彩，则是系命运于股掌之中的押宝，成败于混沌懵懂之间。博弈人生，是智者的人生；而博彩人生，则是赌徒的人生，是悲剧的人生。

【赌博是社会的毒瘤】

赌博这一活动可谓历史久远，有人甚至大胆地断言，几乎有人类的时候就有赌博的存在。在我国，有文字记载的带有赌博性质的游戏，出现在3500年前的夏朝，名曰“六博”。如果说“六博”还有一定娱乐成分，那么从汉代之后，它已蜕变成一种绝对的牟利活动。唐朝起，赌博开始渗入到了社会各个阶层，以后一千多年间，赌博现象在中国起起伏伏，时消时涨。赌博这个痼疾难以彻底清除，与一些人妄想不劳而获的心理有关。但可曾想到，在参与赌博的同时，他们的良知、道德都在慢慢地被金钱所吞噬，人生也被那薄薄的扑克牌和晃动的骰子所左右。赌博的种类有很多，但幸福却是最终唯一的赌注。

赌博是美军军营文化生活的一部分。起初，美国国内外的军事基地都有“老虎机”，官兵们可以碰碰运气，发点小财。1951年，美国国内的军事基地发生了几起因赌博引起的丑闻，于是五角大楼宣布关闭美国本土所有军事基地的“老虎机”，但海外基地的“老虎机”照常运营。越战期间，东南亚几个美军军事基地相继发生士兵从“老虎机”里偷钱的案子，十几个人因此被送上军事法庭。于是，美军1972年关闭了陆军和空军所有海外基地的“老虎机”，但1980年又逐渐恢复。现在，美军在9个国家的军事基地里共有4150台“老虎机”，其中陆战队和海军基地的“老虎机”都由陆军经营，空军负责自己的“老虎机”。

一旦上了瘾，军中赌徒的日子变得十分痛苦。二等兵福斯特因为偷钱去赌博被军事法庭判处6个月监禁。他曾到陆军社区服务处寻求帮助，希望戒赌，结果被转到心理健康服务处，后者让他去找牧师，牧师又把他踢回陆军社区服务处。福斯特到最后也没能接受治疗。他目前在韩国，希望能被派到伊拉克去，因为那里没有“老虎机”。

比起福斯特来，老赌徒沃尔什的日子更难过，他被妻子送到彭德尔顿兵营接受治疗。治疗期间他不请假就外出，偷偷开车跑到拉斯维加斯，在赌场里又输了1万多美元，结果被宪兵抓了回去。为了避免因开小差被送上军事法庭，他选择提前退役。妻子也和他离了婚：“他每年挣6万美元，我们却总是破产，这种日子没法过了。”回国后他再次来到拉斯维加斯，这一次他输掉了所有积蓄1万美元。现在，沃尔什睡在大街上，对赌博深恶痛绝：“军方说它是娱乐项目，那是自欺欺人。这和娱乐没什么关系，就是为了赚钱。”

参与赌博犹如慢性自杀，金钱的快速运转麻痹了神经，道德开始黯然失色，人性之光也悄然泯灭。它使这个纷扰的社会陷入混乱与无序中。

2005年，皆因一个叫霍伊策尔的裁判，德国足球炸开了锅。1月23日，霍伊策尔辞职宣布辞职，黑哨案随之曝光，一个星期之后霍伊策尔指证出13名跟赌球案有关的裁判、球员和官员，德国足球的层层赌球黑幕逐渐被撕开。

谁是霍伊策尔？两个星期前，几乎没人知道这个出生在柏林近郊，最初以优异的成绩升入文理中学，中途却因留级而被迫转学职业高中学习室内装修的身高接近两米，面貌英俊的小伙子。今天霍伊策尔的名字已经载入德国足球史册，他从14岁开始接触裁判工作，就在他刚满25岁就要被德国足协委派参加甲级联赛执法工作的时候，突然因为涉嫌参与赌球操纵比赛而引咎辞职，霍伊策尔个人的辞职引发了德国足坛声势浩大的反黑运动，而许多被掩盖了多日的与赌博假球有关的，令人发指的丑恶黑幕由此接二连三地浮出水面……

就在休战了一个冬天的德甲联赛重新拉开帷幕的时候，1 月 23 日出版的《星期日图片报》突然爆出一则与联赛复苏的热烈气氛相当不和谐的新闻。霍伊策尔突然承认，半年前德国杯汉堡对帕特伯恩那场比赛是他故意操作比赛结果致使汉堡 2 ∶ 4 败北出现冷门，在那次操作中他共获得 3 万欧元的好处。德国足坛为此而震惊，可是随后几天陆续爆出的丑闻显示，德国杯仅仅是冰山一隅，除了汉堡与帕特博恩一战之外，乙级联赛埃森对科隆、阿伦对布尔格豪森以及其他 3 场丙级联赛都有假球之嫌。

一夕成名的霍伊策尔目前终日生活在双重恐惧之中，其一是担心法律的制裁。联邦法院正在展开针对他的调查，在德国涉案金额超过 1 万欧元就足以构成诈骗罪处以 3 年以上有期徒刑，而霍伊策尔的涉案金额远远超过这个界限，有可能被处以最长 10 年的监禁；其二是担心遭到黑社会的报复，霍伊策尔操纵比赛结果并不是单纯的个人行为，而是在背后庞大的跨国赌博集团操纵之下的行为。

黑哨参与赌球并不是最近一两年才有的事，赋闲在家的著名教头托普穆勒揭露，13 人名单中的延森很可能从 2002 年开始就参与赌球操纵比赛，勒沃库森 2 ∶ 2 被圣保利逼平又是延森导演的好戏，延森在比赛最后几秒钟莫名其妙地判给圣保利一个点球，勒沃库森因此丢掉到手的两分……如果延森真的从那时就开始参与作案，那么 2001−2002 赛季的德甲冠军恐怕也是赌博集团操纵的产物。

赌球案的娄子越捅越大，在不断被揭发的新证据面前，连德国足协似乎也沦为包庇纵容罪犯的黑社会组织。由黑社会操纵的赌球不仅损害了球队的利益，合法的博彩业受到牵连。国有博彩公司“ODDSET”早在 2004 年 8 月就怀疑德国杯汉堡爆冷出局的比赛被人做过手脚，而且发过传真指名道姓要求足协调查霍伊策尔执法的比赛，但是被置之不理。现在 ODDSET 将当时的传真呈交给司法机构，这四页纸上的内容令德国足协的头头们感到如坐针毡。

原本公平、公正的足球运动竟沦落为赌博的工具，神圣的体育精神受到了亵渎，相信每一个善良的人都不愿看到这幅图景，当社会的秩序遭到践踏，当古老的道德原则全线崩溃时，有谁会愿意承认这是几个骰子所造成的？人是如此智慧，却又如此愚蠢，人是如此强大，却又如此脆弱……

【赌博是人性的劣根性】

在赌场上，有一种现象十分常见，就是当一个人赢了钱时，不是见好就收，而是期望赢得更多更大，继续不断地赌下去；当一个人输了时，不是适可而止，而是总想要赢回来，不到黄河心不死，不见棺材不落泪，举债都要继续赌。这叫作“赌徒心理效应”，这也是人性中的贪婪与欲望使然。

今天的股票市场虽然不同于赌场，但赌场上的“赌徒心理”，也常见于股市里。一旦投资获利，尝到了甜头，再次投资时更有冲劲；一旦投资失利，或发现投资错误，不是检讨自己错在何处，而是怪自己运气欠佳，期望下一次运气会好一点能把亏出去的钱赢回来，于是继续投资，结果继续亏钱。

索罗斯十分反对这种赌徒式的投资方式。他说：“股市不同于赌市，股票投资与掷骰子赌博根本不同。在股市上，如果觉得投资是正确的，可以增加投资；如果觉得不好，就应该及早退出来，而不要像个赌徒似的，老想着要捞回来。这样只会损失得更多。”

索罗斯认为，由于一般的投资者不太愿意承认自己会犯错误，以为承认错误是一种耻辱。所以，当他们的投资发生错误时，往往无动于衷，根本不去采取任何挽救措施。

“这是愚蠢的做法”，索罗斯说道，“没有人不会不犯错误，关键是要勇于认错，并在发现错误时及时退出投资项目，然后查找错误的原因，避免重犯。”

索罗斯是一个勇于认错的投资家，而且，当他发现自己的错误或形势不妙时，能果断地作出尽早勿晚撤出投资的决定，从众人当中脱离出来。

如在1987年，他预感到日本股市会发生崩溃，当即撤出了东京的全部投资。虽然这次崩溃后来首先发生在华尔街，他也为此遭受了一些损失，最终日本股市还是崩溃了，他避免了更重大的损失。

“当其他股民都在看好某种股票时，你却突然撤出，这种行为在别人看来肯定是怪异的，但你不要在意别人的看法，如果你认为自己是正确的，及早退出并没有什么可奇怪的。”索罗斯总喜欢这样对人说。

及早退出投资，有时可能会遭受一些损失，但这种策略的最大好处是，当你发现是错误的时候，及早撤出，能使你免受更惨重的损失。

“识时务者为俊杰”，个人力量无法与股市大势相抗。当投资出错时，不再需要“明知山有虎，偏向虎山行”的勇气，适时而退，及早撤出，这无损于你的尊严，却能保护你的金钱。

不幸的是，并非每个人都能像索罗斯那样抽身而退，更多的人沉迷于赌博的刺激与物欲的横流中，于是就沦落为为人所不齿的赌徒。赌徒历来都是一个为人所不齿的称号。这是一群缺乏自制力的投机主义者，他们难以抵挡“博”一把或许就能轻松赚大钱的诱惑，红了眼拼下去直到付出沉重的代价：家徒四壁、妻离子散、失去自由乃至丢掉性命。赌徒幡然醒悟时往往已身陷遍地血泪的绝境，不是吗？那就看看这些每天都在上演的人间悲剧吧。

这是由两个不幸家庭组合起来的新家。7年前，冕宁县先锋乡兴隆村村民何某的妻子在一次意外事故中，撒手人寰；5年前，冕宁县泸沽镇村民胡某的丈夫跑电三轮时，被抢劫的歹徒杀害。2001年，何某与胡某各自带着自己的两个孩子走到了一起。次年，这个新的家庭增添了一个小生命。何某做菌类生意，胡某在家务农并照管孩子。虽然经济负担沉重，一家人过得紧巴巴的，耐耐磨磨中，日子倒也平静。

这种平静的日子一直持续到妻子发现丈夫沾染上赌博恶习之时。

今年以来，胡某感觉不对劲：何某做菌类生意，按说一天至少有几十上百元的收入，可是，总不见何某拿钱回家。问及丈夫，他又支支吾吾说不出个一二三。追问之下，何某承认自己将钱拿去赌博了，并信誓旦旦地向妻子保证，从此再不赌了。

何某没有兑现自己的诺言。

于是，一出新的悲剧开始在这个曾经伤痕累累的家庭上演。

当年11月20日，胡某再次问及何某做生意的钱以及他给自己前夫的父亲借的6000元钱的去向。电话中，何某回答妻子，做生意的钱借给朋友了，至于那6000元，是一个87岁老人的钱，再怎么他也不会拿去糟蹋了。何某称，他正在前老丈母家帮忙杀过年猪，马上就回家。

胡某跑去问丈夫说及的那个朋友，是不是借了何某的钱？朋友回答，没借过，倒是何某还欠他 200 元钱。“钱肯定又拿去赌了，恶习不改，5 个娃儿咋个养得起？”无奈的胡某只得回家等着丈夫归来。然而，到了下午 5 点左右，胡某等回来的却是奄奄一息的丈夫。原来，何某在前老丈母家杀完猪后，连饭都没吃，到前妻的坟上走了一圈，就在山坡上喝下了瓶不知道从哪儿弄来的剧毒药品——“乐果”。喝了毒药的何某被人发现后，亲戚们赶紧将他送到冕宁县二医院抢救，见情况危急又赶紧往州一医院转院。“其实，车子到西昌市大巷口塑像的时候，人已经不行了。”胡某的二弟说，当天晚上 20 点左右，何某离开了人世。

何某留下的遗书称：“农贸市场何某某、双河七队王某某……他们昨天把我叫去赌钱，他们几个商量骗了我 3 万多元现金。”在遗书中，何某对孩子们心存愧疚。

到这里，悲剧并没有结束。在乘车从西昌返回泸沽镇家中的途中，看着停放在车上的丈夫逐渐僵硬的尸体，胡某哭成了泪人。汽车上泸黄高速公路后，胡某屡次要跳车寻短见，都被车上的人及时发现了。当天晚上，放不下心的亲人守候着胡某。11 月 21 日凌晨，胡某用铅笔写了份遗书，将身上仅有的 30 多元钱塞进二女儿的书包后，趁亲人们不注意跑出了家门。待胡某的家人跟着追出门时，已寻找不到胡某的踪影。打听之下，有人称，上午 7 点左右，看见有个中年妇女从泸沽镇的梳妆台大桥跳了下去。而桥下，是深不见底的安宁河。

有多少往事可以重来？有多少时间可以挥霍？在赌博的阴影下，人世间上演了多少悲剧，多少人在苦苦撑持着这种暗无天日的境遇，人生不是草稿，没有多少余地等你去誊写，那些被赌博拖着走的人注定永沉于黑暗中。

学会借助他人的力量

一个孤独者，要么是野兽，要么是伟人，然而，即使是伟人，他的身边也不可能没有任何的亲人、朋友，更何况大多数人只是普通人，就更不可能在生活的急流中孤军奋战。学会借助他人的力量，既是一种技巧，又是一种智慧。

【利用强者之力移去自己路上的石头】

星期六上午，一个小男孩在沙滩里玩耍。他身边有他的一些玩具——小汽车、货车、塑料水桶和一把亮闪闪的塑料铲子。在松软的沙堆上修筑公路和隧道时，他发现一块很大的岩石挡住了去路。

小男孩开始挖掘岩石周围的沙子，企图把它从泥沙中弄出去。他是个很小的孩子，而岩石却相当巨大。手脚并用，他花尽了力气，岩石却纹丝不动。小男孩下定决心，手推、肩挤、左摇右晃，一次又一次地向岩石发起冲击，可是，每当他刚把岩石搬动一点点的时候，岩石便又随着他的稍事休息而重新返回原地。小男孩气得直叫唤，使出吃奶的力气猛推猛挤。但是，他得到的唯一回报便是岩石滚回来时砸伤了他的手指。最后，他筋疲力尽，坐在沙滩上伤心地哭了起来。

> 一个人的力量是很难应付生活中无边的苦难的。所以，自己需要别人帮助，自己也要帮助别人。
>
> ——（奥地利）茨威格

这整个过程，他的父亲从不远处看得一清二楚。当泪珠滚过孩子的脸庞时，父亲来到了他的跟前。父亲的话温和而坚定：“儿子，你为什么不用上所有的力量呢？”男孩抽泣道：“爸爸，我已经用尽全力了，我已经用尽了我所有的力量！”“不对，”父亲亲切地纠正道，“儿子，你并没有用尽你所有的力量。你没有请求我的帮助。”说完，父亲弯下腰抱起岩石，将岩石扔到了远处。

很多事情就是这样子的，当我们无力去完成一件事时不妨向身边的强者求助，也许对我们来说费力不讨好的事情，对他们来说却可能不费吹灰之力就能轻松搞定。与其自己苦苦追寻而不得，不如将视线一转，呼唤你身边的强者。

【倚重朋友取其所长补己所短】

西汉刘邦，也是一个善借朋友、他人之力者。刘邦出身低微，学无所长。文不能著书立说，武不能挥刀舞枪，但刘邦天生豪爽，善用他人，胆识无双。斩白蛇起义，云集四方豪杰，无论哪种背景的人或敌方的人，最后都为他所用。如韩信、彭越、英布，这些威震天下的悍将英雄，原先都是他的死敌项羽手下的人。至于刘邦身边的谋臣武将，如萧何、曹参、樊哙、张良等，都是他早期小圈子里的人，萧何、曹参、樊哙更是刘邦的家乡故邻、诸亲六眷。他们在刘邦楚汉争战中，劳苦功高，最终帮助刘邦建立了西汉王朝。也可以说刘邦利用他们奠定了自己的霸业。

黄巾乱世之中，刘关张邂逅，桃园结义，成就了千古美名，也奠定了西蜀王朝的根基。以后三分天下，割据西蜀。刘备始为皇帝，关张也成开国元勋，西蜀重臣。回头看看，刘关张结义之时，三人均是下层草民。刘备虽是汉室皇亲，却落得流浪街市，贩席为生。张飞只是一个屠夫。关羽杀人在逃，无处立身。三人结义后，彼此借重，相得益彰。董卓之乱时，吕布堪称枭雄。刘关张大战吕布，却只打成平手，可见吕布何等英雄。但吕布匹夫无助，枉自豪勇，最终被曹操所杀。而刘关张却在三国中彼此相仗，日益得势，最终立国树勋。这是借朋友之力的一个典型例子。

所谓孤掌难鸣，独木不成林，在这个世界上没有完美的人，你不完美，他不完美，但如果你们可以完美地结合在一起，就能取得意想不到的成果。

古希腊大哲学家苏格拉底曾经说过：“友人是第二个自我。”能够当作自己的镜子，真实地反映出自我的朋友是最难得的朋友。我们时常看到有些没有血缘关系的人，结成亲兄弟般的友谊。朋友们在真诚与友谊的基础上互相帮助、互相提携，也可称之为“利用”的一种关系。

利用不是一个丑恶的东西，而是各取所需导致。一个人，无论在工作、事业、爱情和消闲哪方面，都离不开这种人与人之间的相互利用。朋友就是如此。因为各人的能力有限，以及人际关系有所不同，而必须相互利用。借朋友之力，正是一个人高明的地方。

就社会和自然状况来看，孤单的，斗不赢拉帮结派的。一个人在社会中，如果没有朋友，没有他人的帮助，他的境况会十分糟糕。普通人如此，一个成就大事业的人更是如此。如果失去了他人的帮助从而不能利用他人之力，任何事业都无从谈起。

借朋友之力，利用他人为自己服务，以让自己能够高居人上，这是一个人很难能可贵的地方。尤其对自己所欠缺的东西，更要多方巧借。

“三个臭皮匠，顶个诸葛亮。”这是因为即使再不完美的人身上也有一些别人所不具备的优点，只要你能学会发现你身边的人，尤其是你身边的朋友的优点，你们就可做出共同的事业，更何况，朋友之间本来就有一种心照不宣的契约，“利用”一下他（她），从他（她）身上学到你所没有的东西，他（她）还会体会到一种被你信任的快乐。

【弱者的力量也不容小觑】

米歇尔是一位青年演员，刚刚在电视上崭露头角。他英俊潇洒，很有天赋，演技也很好，开始扮演小配角，现在已成为主要角色演员。从职业上看，他需要有人为他包装和宣传以扩大名声。因此他需要有一个公共关系公司为他在各种报纸杂志上刊登他的照片和有关他的文章，增加他的知名度。不过，要建立这样的公司，米歇尔拿不出那么多钱来，聘用高级雇员以及其他开销等。

偶然的一次机会，他遇上了莉莎。莉莎曾经在纽约一家最大的公共关系公司工作了好多年，她不仅熟知业务，而且也有较好的人缘。几个月前，她自己开办了一家公关公司。并最终希望能够打入非常有利可图的公共娱乐领域。但是到目前为止，由于她名气不够大，一些比较出名的演员、歌手、夜总会的表演者都不相信她，不愿同她合作，她的生意主要还只是靠一些小买卖和零售商店。俩人一拍即合，联合干了起来。米歇尔成为了她的代理人，而她则为他提供出头露面所需要的经费。

他们的合作达到了最佳境界，米歇尔是一名英俊的演员，并正在时下的电视剧中出现，莉莎便让一些较有影响的报纸和杂志把眼睛盯在他身上。这样一来，她自己也变得出名了，并很快为一些有名望的人提供了社交娱乐服务，他们付给她很高的报酬。而米歇尔，不仅不必为自己的知名度花大笔的钱，而且随着名声的增长，也使自己在业务活动中处于一种更有利的地位。

米歇尔发现了莉莎身上所蕴藏的不为别人知晓的财富，即使莉莎当时并没有显示出惊人的魄力，而事实上，正是这个弱者却满足了米歇尔的需要。

一项研究表明，在工作中获得成功所要求的技能，85%是基于个性，只有15%是因为技术和训练。任何人际关系，无论是私人交往，还是业务关系，如果它是以成年人的那种互利的观念来支配的话，对双方来说只会有益。

所以，不要轻视你所遇到的任何人，即使他目前处于不利的境遇中，你也不要忽视来自他身上的潜能。因为，在人生的道路上，你不知道前面有什么等着你，你也不知道在向你伸出的手中哪一双有足够的力量撑持你。

【萍水相逢仍可助你一臂之力】

有一个小伙子，在一所著名大学念书。自从开始上大学，就立志要出国念法律，他为此考了“托福”，成绩很好，美国的哈佛、耶鲁的法学院也都寄来了入学通知书。但是，两所学校都只给他半奖。他还必须每年支付1.5万美元的学费和生活费。虽然到美国后半工半读这1.5万美元可以挣来，可第一年去总得带上10万20万元人民币。这个数字对他来说简直比天高。

在一次聚会上，他认识了一位在北京做生意的人，这人是个真的亿万富翁。这个小伙子很有心计，专门到这人家里拜访了两次，跟他谈人生，谈理想，虚心地请教人生经验，还专门把自己面临的问题——要么借钱去美国，成就一番事业，要么放弃出国的打算，在国内努力再求其他发展——与这位只有一面之缘的人探讨。

在知道这位小伙子的困难后，这位亿万富翁痛快地答应先让他从自己这里借20万元，以后在美国混出息了再还他，如果混得不好，这20万元就算是资助了。有了这20万元，这位小伙子成功地去了耶鲁大学法学院，现在已经毕业，并在一个著名跨国企业——通用汽车公司任法律部要职。此时，20万元人民币，对他只是一个小Case，但是，如果当初他没有借助在聚会上偶然遇到的这个人对他的支援，现在，他也可能干得很成功，但他的美国梦或许就破灭了。

本来是萍水相逢的陌生人，但却在关键时刻成为了这个小伙子的贵人。萍水相逢，并不代表着彼此的冷漠，只要你是一个足够聪明的人，只要你擅长利用他人之力为己所用，用来攻玉的石头未必不是你常用的那一块。每一种相识都有着不得不遇到的理由，当你把偶然的相逢化为必然的交情时，在你要走上去的道路上你也必然会得到更多的庇护，一双陌生的手就此扶起你。

永远给自己留条退路

“不给自己留退路”，这作为破釜沉舟，一往无前的精神是无可厚非的，而在现实生活中，往往充满了变故与无常，勇往直前固然可敬，但也可能因此被撞得头破血流，最终走到山穷水尽处。所以爱迪生就曾倡导：“如果你希望成功，就以恒心为良友，以经验为参谋，以谨慎为兄弟吧！”

当得意时，须寻一条退路，然后不死于安乐；当失意时，须寻一条出路，然后可以生于忧患。

——（中国）归有光

美国田纳西州有一位秘鲁移民，在他的居住地拥有6公顷山林。在美国掀起西部淘金热时，他变卖家产举家西迁，在西部买了90公顷土地进行钻探，希望能找到金沙或铁矿，他一连干了5年，不仅没找到任何东西，最后连家底也折腾光了，不得不又重返田纳西。

当他回到故地时，发现那儿机器轰鸣，工棚林立。原来，被他卖掉的那个山林就是一座金矿，新主人正在挖山炼金。如今这座金矿仍在开采，它就是美国有史的门罗金矿。

一个人一旦孤注一掷地丢掉属于自己所有的东西，就有可能失去一座金矿。

“狡兔三窟”，做事留有余地，给自己保留一条退路，就不至于落得一败涂地的下场。事情做尽做绝，如同话说尽说绝一样，不是伤人就会被别人伤。当事情做到尽处，力、势全部耗尽，想要改变就难了。

【在杯子中留点空隙才能容纳“意外”】

杯子里装满了，当然再也倒不进去。在所有的事情中都要有所保留，以便容纳一些“意外”，给自己留有后路，留下回旋的余地。

有一个人善于角力。他的技术高明，浑身的解数足有 360 种，而且每次出手都不相同。徒弟里头，他最喜欢一个长得英俊的。他把自己的本事教给他 359 样，只留下一样不肯再传。那青年本事高明，力大无比，谁也敌他不过。后来，他跑到国王面前夸口，说他所以不愿胜过师傅，只因敬他年老，又因他到底也是自己的师傅，做徒弟的不能不给师父留面子。其实，自己的本领和力气，绝不比师傅差。

他这样傲慢无礼，国王很不高兴，派人选一处宽大的场地，把满朝达官贵人都请了来，让师徒二人比赛。

那青年走进场地，耀武扬威，好像怒象一般。仿佛他的敌人即使是一座铁山，也会被他推倒。

他的师傅看他力气比自己大，便使出留下不传的最后一着，一把将他扭住。他不知怎样招架，已经被师傅举过头顶，抛在地上了。满场的人都欢呼起来。国王叫人拿了一件袍子奖给师傅。对那青年斥责说：“你妄想和你师傅较量，可是你失败了。”

这个青年说道：“国王！他胜过我并不是凭力气。他留下一手没有传，就凭这小小的一点本事，今天把我打败了。”

那师傅说道：“我留下这一手就是为了今天。因为圣人说过：‘不要把本事全部都教给你的朋友，万一他将来变成你的敌人，你怎么能抵挡得住？’从前有个吃过徒弟亏的人所说的话，你没有听过吗？‘也不知是如今人心改变，还是世上本来没有情义。我悉心向他们传授射箭技艺，最后他们去把我当作天上的飞鹄。’”

师傅教徒弟，留一手，对徒弟来说，好像很不公平，但却是师傅保命的一招。世上有太多的“教会徒弟饿死师傅”的事发生过，这是做师傅的很多惨痛的教训基础上总结的经验。如果你是师傅，要留一手；如果你是徒弟，在师傅面前要永远谦虚，要知道尊师重道。

永远给自己留条退路，才不至于落得“狡兔死，走狗烹，飞鸟尽，良弓藏”的命运。

【该退则退方能应对人生的变故】

《史记》中记载：战国时代的范雎本是魏国人，后到秦国。因向秦昭王献远交近攻的策略，深得昭王赏识，被升为宰相。后因他所推荐的郑安平与赵国作战失败，而使他意志消沉。按秦国法律，只要被推荐人出了纰漏，推荐者也要受“连坐”处分。但昭王并没问罪范雎，这使他心情更为沉重。

秦昭王为刺激范雎再振作起来，为国效力，对范雎叹气道：

“现在内无良相，外无勇将，秦国的前途实在令人焦虑呀！”

可范雎心中另有所想，因而误会了秦王的意思，感到恐惧。

恰在此时，辩士蔡泽来拜访他，对他说道：

“四季的变化是周而复始的。春天完成了滋生万物的任务后就让位给夏，夏天结束养育万物的责任后就让位与秋；秋天完成成熟的任务后就让位与冬；冬把万物收藏起来又让位与春天……这便是四季的循环法则。如今你的地位，在一人之下，万人之上，日子已久，恐有不测，而应让位他人，才是明哲保身之道。”

一席话启发了范雎，便立刻引退，并且推荐蔡泽继任宰相。蔡泽就职后，也为秦国的强大作出了重要贡献。但当他听到有人责难他后，他明智地舍弃了宰相宝座而做了范雎第二，保全了自己的晚节，也避免了日后的不测。

由此可见，凡是有远见的人都不会被眼前的得失所蒙蔽，在适当时机，都能主动退出舞台，为后来提供其大展宏图的余地，更是为自己留一条全身之道。

人生变故，犹如水流；事盛则衰，物极必反。这是世事变化的基本公式。世事既然如此，做人也就应该处处把握恰当的分寸，永远给自己留下一条退路。俗话说：“月盈则亏，水满则溢。”凡事留有退路，才可避免走向极端。特别是权衡进退得失的时候，更要注意适可而止，尽量做到见好就收，防患于未然，牢牢握住对日后人生的主导权。

适应不可避免的事实

荷兰阿姆斯特丹有一座15世纪的教堂遗址，上面的题词令人终生难忘：“事必如此，别无选择。”这几个字令人心痛，却又是人不得不承认的真实处境。在人的一生中，总是有一些事情，虽非心甘情愿，却也无可奈何。正如每一条所走过来的路径都有它不得不这样跋涉的理由一样，每一条要走上去的前途也都有它不得不那样选择的方向。逆来顺受是一种无奈，却也是人生的必修课。

在还没有发明鞋子以前，人们都赤着脚走路，不得不忍受着脚被扎被磨的痛苦。某个国家，有位大臣为了取悦国王，把国王所有的房间都铺上了牛皮，国王踩在牛皮地毯上，感觉双脚舒服极了。

为了让自己无论走到哪里都感到舒服，国王下令，把全国各地的路都铺上牛皮。众大臣听了国王的话都一筹莫展，知道这实在比登天还难。即便杀尽国内所有的牛，也凑不到足够的牛皮来铺路，而且由此花费的金钱、动用的人力更不知有多少。正在大臣们绞尽脑汁想如何劝说国王改变主意时，一个聪明的大臣建议说：大王可以试着用牛皮将脚包起来，再拴上一条绳子捆紧，大王的脚就不会忍受痛苦了。国王听了很惊讶，便收回命令，采纳了建议，于是，鞋子就这样发明了出来。

> 心灵有它自己的地盘，在那里可以把地狱变成天堂，也可以把天堂变成地狱。
>
> ——（英）弥尔顿

把全国的所有道路都铺上牛皮，这办法虽然可以使国王的脚舒服，但毕竟是一个劳民伤财的笨办法。那个大臣是聪明的，改变自己的脚，比用牛皮把全国的道路都铺上要容易得多。按照第二种办法，只要一小块牛皮，就和将整个世界都用牛皮铺垫起来的效果一样了。

是用牛皮铺所有的路，还是用牛皮包自己的脚？这是每个站在人生的十字路口的人所不得不经历的选择，为了摆脱痛苦和不幸，是改变环境还是改变自己去适应自己所置身其中的现实？

【一切都是最好的安排】

每天上午11时许，一辆耀眼的汽车穿过纽约市的中心公园，车里除了司机，还有一个人——无人不晓的百万富翁。

百万富翁注意到：每天上午都有位衣着破烂的人坐在公园的凳子上死死地盯着他住的旅馆。

一天，百万富翁对此发生了极大的兴趣，他要求司机停下车并径直走到那人的面前说："请原谅，我真不明白你为什么每天上午都盯着我住的旅馆看。"

"先生，"这人答道，"我没钱，没家，没住宅，我只得睡在这长凳上。不过，每天晚上我都梦到住进了那所旅馆。"

百万富翁灵机一动，洋洋自得地说："今晚你一定如梦以偿。我将为你在旅馆租一间最好的房间并付一个月房费。"

几天后，百万富翁路过这人的房间，想打听一下他是否对此感到满意。

然而，他出人意料地发现这人已搬出了旅馆，重新回到了公园的凳子上。

当百万富翁问这人为什么要这样做时，他答道："一旦我睡在凳子上，我就梦见我睡在那所豪华的旅馆，真是妙不可言；一旦我睡在旅馆里，我就梦见我又回到了冷梆梆的凳子上，这梦真是可怕极了，以致完全影响了我的睡眠！"

显然，环境并不能决定我们是否快乐，我们对事情的反应反而决定了我们的心情。耶稣曾说："天堂在你心中，当然地狱也在。"

只要我们都能度过灾害和悲剧，我们就能战胜它。也许我们察觉不到，但是我们内心却有更强的力量帮助我们渡过，我们都比自己想得更坚强。

一切都是最好的安排，决定你的生活航向的是你自己的心灵。而不是环境。在漫长的人生旅途中，有时要苦苦撑持暗无天日的境遇；有时却风光绝顶，无人能比，但能掌控我们的命运的，绝不是我们所处的境遇，而是我们的心灵。踏入一条错误的河流并不可怕，可怕的是把心灵开错窗。不管上天有没有给你一个华美的舞台，你的心有多大，你的舞台就有多大。

有两个有着特殊背景的人都有亚洲血统，后来都被来自欧洲的外交官家庭所收养。两个人都上过世界各地有名的学校。但他们两个人之间存在着不小的差别：其中一位是40岁出头的成功商人，他实际上已经可以退休享受人生了；而另一个是学校教师，收入低，并且一直觉得自己很失败。

有一天他们一起出去吃晚饭。晚餐在烛光映照中开场了，不久话题进入了在国外的生活。因为在座的几个人都有过周游列国的经历，所以他们开始谈论在异国他乡的趣闻轶事。随着话题的一步步展开，那位学校教师开始越来越多地讲述自己的不幸：她是一个如何可怜的亚细亚孤儿，又如何被欧洲来的父母领养到遥远的瑞士，她觉得自己是如何的孤独。

开始的时候，大家都表现出同情。随着她的怨气越来越重，那位商人变得越来越不耐烦，终于忍不住在她面前把手一挥，制止了她的叙述："够了！你说完了没有？！你一直在讲自己有多么不幸。你有没有想过如果你的养父母当初在成百上千个孤儿中挑了别人又会怎样？"

学校教师直视着商人说："你不知道，我不开心的根源在于……"然后接着描述她所遭遇的不公正待遇。

最终，商人朋友说："我不敢相信你还在这么想！我记得自己25岁的时候无法忍受周围的世界，我恨周围的每一件事，我恨周围的每一个人；好像所有的人都在和我作对似的。我很伤心无奈，也很沮丧。我那时的想法和你现在的想法一样，我们都有足够的理由抱怨。"他越说越激动，"我劝你不要再这样对待自己了！想一想你有多幸运，你不必像真正的孤儿那样度过悲惨的一生，实际上你接受了非常好的教育。你负有帮助别人脱离贫困漩涡的责任，而不是找一堆自怨自艾的借口把自己围起来。在我摆脱了顾影自怜，同时意识到自己究竟有多幸运之后，我才有可能获得现在的成功！"

那位教师深受震动。这是第一次有人否定她想法，打断了她的凄苦回忆，而这一切回忆曾是多么容易引起他人的同情。

商人朋友很清楚地说明他二人在同样的环境下历经挣扎，而不同的是他通过清醒的自我选择，让自己看到了有利的方面，而不是不利的阴影，“凡墙都是门，”即使你面前的墙将你封堵得密不透风，你也依然可以把它视作你的一种出路。

历史上最有名的死亡，除了受难的耶稣外，就是苏格拉底。雅典市内的一小撮人——羡慕与嫉妒苏格拉底的人——控告苏格拉底，他受审并被判了死刑，当和善的狱卒把毒酒交给苏格拉底时，他说：“请轻饮这必饮的一杯吧！”

苏格拉底果然如此，他平静柔顺地面对死亡，显示了他人性中最为高贵的一面。有的时候，逆来顺受并不是一种懦弱，而是内心最为和谐的声音，是一种人世间包容一切的伟大心态。

在今天这个纷扰的世界中，在我们将不得已置身各种处境中时，记住这句话：“请轻饮这必饮的一杯吧！”然后，卸下你沉重的行囊，奔赴远方陌生的前途。

【与其苛求环境，不如改变自己】

晓涵家世代采珠，她有一颗珍珠是她母亲在她离开祖国赴美求学时给她的。

在她离家前，她母亲郑重地把她叫到一旁，给她这颗珍珠，告诉她说：

“当人们把沙子放进蚌的壳内时，蚌觉得非常不舒服，但是又无力把沙子吐出去，所以蚌面临两个选择，一是以敌视的态度憎恶这粒沙子，让自己的日子很不好过，另一个是想办法把这粒沙子同化，使它跟自己和平共处。于是蚌开始把它的精力营养分一部分去把沙子包起来。”

“当沙子裹上蚌的外衣时，蚌就觉得它是自己的一部分，不再是异物了。沙子裹上的蚌成分越多，蚌越把它当作自己的一部分，就越能心平气和地和沙子相处。”

母亲启发她道：“蚌并没有大脑，它是无脊椎动物，在演化的层次上很低，但是连一个没有大脑的低等动物都知道要想办法去适应一个自己无法改变的环境，把一个令自己不愉快的异己，转变为可以忍受的自己的一部分，人的智能怎么会连蚌都不如呢？”

尼布尔有一句有名的祈祷词说：“上帝，请赐给我们胸襟和雅量，让我们平心静气地去接受不可改变的事情；请赐给我们力量去改变可以改变的事情；请赐给我们智能，去区分什么是可以改变的，什么是不可以改变的。”

在我们的人生中总有一些事情，虽非心甘情愿，却也无可奈何。有生之年，我们势必会有许多不愉快的经历，它们是无法逃避的，我们也是无法选择的。我们只能接受不可避免的现实做自我调整。

在第二次世界大战期间，卡丽娜失去了她的侄子——她最挚爱的亲人，也是她在世上唯一的亲人，悲伤击垮了她，在那以前，她总觉得上帝待她不薄——她有一份喜欢的工作，她帮忙抚养这个侄儿，他让卡丽娜看到一个年轻有为的青年，她的耕耘得到甜美的回报。不想却收到这样的电报。她的个人世界解体了。她找不出还有活下去的理由，她放弃了工作、朋友。她抓不住任何东西，只留下愁苦和怨恨。为什么她钟爱的侄子会死？这么好的孩子——灿烂的前景就在他面前——为什么会被打死？她实在无法接受，她悲伤过度，决定放弃工作，找个地方倾洒她的眼泪，医治伤痛。

她把桌子收拾干净，准备辞职，突然，她无意中看到一封信，正是那个侄子写来的，是几年前卡丽娜的母亲去世时他寄给卡丽娜的。他在信中说："当然，我们都会怀念她，特别是你，但我知道你会支撑过去的。你有自己的人生哲学。我永远不会忘记你教导我动人心弦的真理，无论我在任何地方，我总记得你教我像个男子汉，微笑迎接任何该来的命运。"

卡丽娜又回到桌前，收起愁苦，告诉自己："已经发生了，我不能改变它，但是我可以做到他所期望的。"她把自己完全投入到自己的工作中去。她开始给战士们写信，他们是别家的男孩。晚上她就参加成人教育班，试图找到新的嗜好，结交新朋友。她几乎不敢相信自己的改变，她的哀伤已经完全离她而去。

卡丽娜现在开开心心地开始新的一天，正如她的侄儿希望看到的。她的生活很平安。她接受了命运的安排，比以前享有更丰富完美的人生。

"当我们不再与不可改变的现实抗争时，就会有能力开创更丰富的人生。"人，贵为宇宙的精华，万物的灵长，是可以通过改变自己来接受任何现实的。

已故美国小说家塔金顿常说："我可以忍受一切变故，除了失明，我绝不能忍受失明。"

可是在他60岁的某一天，当他看着地毯时，却发现地毯的颜色渐渐模糊，他看不出图案。他去看医生，残酷的事实是：他即将失明。有一只眼差不多全瞎了，另一只也如此，他最恐惧的事终于发生了。

塔金顿面对最糟糕的环境如何反应呢？他是否觉得："完了，我的人生完了！"完全不是！

令人惊讶的是，他还蛮愉快的，他甚至发挥了他的幽默感。有些浮游的斑点妨碍了他的视力，当大斑点晃过他的视野时，他会说："嗨！又是这个大家伙，不知道他今早要到哪儿去！"

命运怎么能这样捉弄他呢？

不，答案是不能。完全失明后，塔金顿说："我现在已经接受了这个事实，也可以面对任何状况。"

为了恢复视力，塔金顿在一年内不得不接受12次以上的手术。要知道只能采取局部麻醉！他会抗拒它吗？他了解这是必需的，无可逃避的，唯一能为痛苦付出的只有优雅地接受。他放弃了私人病房，和大家一起住在普通病房。他想办法让大家高兴一点。

当他必须再次接受手术时，他提醒自己是何等幸运："多奇妙啊，科学已进步到连人眼这样精细的器官都能动手术了。"

平常人如果必须接受12次以上的眼部手术，并忍受失明之苦，精神可能早就崩溃了。塔金顿却说："我不愿用快乐的经验来交换这次的体验。"他因此学会了接受，他因此相信人生没有任何事会超过他的容忍力，他也重新认识一个人适应环境的能力到底有多强。

松树无法阻止大雪压在它的身上，但它可以弯曲自己，蚌无法阻止沙粒磨蚀它的身体，但它可以包裹沙子来适应这悲惨的遭遇。学会和环境化敌为友，这是一种适应性，也是一种生存的技巧，人类作为万物的灵长又怎能屈居于这些小生物之下，正如席慕蓉所说："请让我们相信，每一条走过来的路径都有它不得不这样跋涉的理由，每一条要走下去的前途都有它不得不那样选择的方向。"我们也许没有选择的权利，但我们有改变自己的能力。

得罪领导和上司会带来无穷的烦恼

当背叛与颠覆成为这一代人标新立异的表征时，当个性的张扬成为这个社会所呼唤的精神时，有一些古老的法则仍然是你所不得不遵循的潜规则，登山敬树，进庙拜佛，这些潜在的规则也许会束缚你的手脚，却是你生存的必备智慧，一个人需要背叛，这样他才能在精神的世界中自由翱翔，而一旦回到现实中，则更多地需要服从和追随，将自己的棱角收起来，以免伤到那些能决定你生活轨迹的人。

有一家公司新招了一批员工，在老板与大家的见面会上。老板逐一点名。

“黄烨(华)。”

全场一片静寂，没有人应答。

一个员工站起来，怯生生地说：“老板，我叫黄烨(叶)，不叫黄烨(华)。”

人群中发出一阵低低的笑声。

> 只有服从别人的人才能够领导别人。
>
> ——（古罗马）塞内加

老板的脸色有些不自然。

“报告经理，我是打字员，是我把字打错了。”一个精干的小伙子站起来说道。

“太马虎了,下次注意。”老板挥挥手，接着念了下去。

没多久，打字员被提升为公关部经理，叫黄烨的那个员工则被解雇了。

得罪上司，无异于以卵击石，给自己埋下了一颗定时炸弹，如何与上司相处是一个人在社会中生存所必须知晓的金科玉律，“一着不慎，满盘皆输”，初涉职场的你更要守住这条底线：万万不可得罪领导和上司。

【不做恃才傲物的下属】

三国时的许攸，本来是袁绍的部下，虽说是一名武将，却足智多谋。官渡之战时，他为袁绍出谋划策，可袁绍不听，他一怒之下投奔了曹操。曹操听说他来，没顾得上穿鞋，光着脚便出门迎接，鼓掌大笑道："足下远来，我的大事成了！"可见此时曹操对他很看重。

后来，在击败袁绍、占据冀州的战斗中，许攸又立了大功，他自恃有功，在曹操面前便开始不检点起来。有时，他当着众人的面直呼曹操的小名，说道："阿瞒，要是没有我，你是得不到冀州的！"曹操在人前不好发作，强笑着说："是，是，你说得没错。"但心中已十分嫉恨，许攸并没有察觉，还是那么信口开河。

有一次，许攸随曹操进了邺城东门，他对曹操部下骁将许褚说道："许仲康呵，你给说说，要是没有我，你们这些人能不能从这个城门出出进进的？"

许褚忍耐不住，将他杀掉。曹操知道后也没惩罚许褚。

不管你的功劳有多大，你如果只是一个下属，千万不能在众人，尤其是上司的面前，夺了上司的"光芒"。否则只能是像许攸一样遭人摒弃。

有些上司最看不上那些自吹自擂的人，有了一点点成绩，就心高气傲，不思进取，这样的人是不会得到提拔和重用的。所以下属与上司相处，一定要掌握分寸。

尽管有时上司在某一方面确实远不如你，作为下属的你还是要十分注意。在你与上司当面说话的时候，不要咄咄逼人，不要冷嘲热讽；背地里说话也不要评头论足；更不要让上司当众出丑，如芒在背。要知道这些都是蔑视上司的行为，你很容易被上司认为是一个恃才傲物和喜欢顶撞权威的人，从而不信任你。

通常来说，这些恃才傲物、顶撞权威的下属，往往都是出类拔萃的人，或有过极大功劳的人。他们往往有恃无恐，认为自己很了不起，上司没有自己不行，就比较容易犯这类毛病。还有一些娇生惯养，目无尊长的人，也会因为心浮气躁而出现这种情况。

在职场中，不管你才高几斗，不管你有多大功劳，学会在领导面前低头，将功劳让给上司，总是好处多多，受益无穷。

好的东西，每一个人都喜欢；越是好吃的东西，越是舍不得给别人，这是人之常情。要是你有远大的抱负，不要斤斤计较成绩的取得究竟你占有多少份，而应大大方方地把功劳让给你身边的人，特别是让给你的上司。这样，做了一件事，你感到喜悦，上司脸上也光彩，以后，上司少不了再给你更多建功立业的机会。否则，如果只会打眼前的算盘，急功近利，则会得罪身边的人，将来一定会吃亏。对上司让功一事绝不可到处宣传，如果你不能做到这一点，倒不如不让功的好。对于让功的事，让功者本人是不适合宣传的，自我宣传总有些邀功请赏，不尊重上司的味道，千万使不得，宣传你让功的事，只能由被让者来宣传。虽然这样做有点埋没了你的才华，但你的同事和上司总有机会设法还给你这笔人情债，给你一份奖励。

因此，做善就要做到底，不要让人觉得你让功是虚伪的。

将自己的功劳归成上司的，把本该属于自己的镜头悄悄地让给上司。擅长处理上下级关系的人，都会对自己的功劳淡化，不显山不露水，必要的时候将一切功劳、成绩、好名声都归之于上司，那么，你离“平步青云”的日子也就不远了。

【替上司担过是必要的职场智慧】

中国人酷爱面子，视尊严为珍宝。有“人活一张脸，树活一张皮”的说法，尤其做上司的更爱面子。作为别人的上司，若不慎做了错误的决定或说错了什么话，如果下属直接指出或揭露上司的错误，无疑是向他的权威挑战，会让他很没有面子，会损害他的尊严，刺伤他的自尊心。这时候最聪明的做法就是主动把错误承担起来，给你的上司一个台阶下。

在某机关中就曾出现过这样一件事。部里下达了一个关于质量检查的通知后，要求各省、地区的有关部门届时提供必要的材料，准备汇报，并安排必要的人下基层厂矿检查。

某市轻工局收到这份通知后，按惯例是先经过局办公室主任的手，再送交有关局长处理。这位局办公室主任看到此事比较急，当天便把通知送往主管的某局长办公室。当时，这位局长正在接电话，看见主任进来后，只是用眼睛示意一下，让他放在桌上即可。于是主任照办了。然而，就在检查小组即将到来的前一天，部里来电话告知到达日期，请安排住宿时，这位主管局长才记起此事。他气冲冲地把办公室主任叫来，一顿呵斥，批评他耽误了事。在这种情况下，尽管办公室主任深知自己并没有耽误事，真正耽误事情的正是这位主管局长自己，可他一句反驳的话也没有说，而是老老实实地接受批评。事过之后，他又立即到局长办公室里找出那份通知，连夜加班加点、打电话、催数字，忙了一个通宵总算把所需要的材料准备齐整。此事过后，那位主管局长也愈发看重这位忍辱负重的好主任了。

能主动为上司揽过，既是一种胸襟，更是一种在职场上生存的必要智慧。一般来说，在上司正确的情况下，下属对他表现出应有的尊重，这点比较容易做到。但是，假如觉得上司错了，一般作为下属的心里就憋不住气，想和上司理论一番，甚至直接指出他的过失。特别是当上司明显是想把自己的过错硬安到你的头上，甚至想让你当替罪羊时，你可能很难继续保持绅士的风度。这样，上司虽然在心里认为你可能是对的，甚至事先他就知道你是对的，但面子上照样会挂不住，一定会把你视为一个“不识抬举”的可恶刺头，从而不会想着给你晋升加薪的机会。

古今中外，没有哪个人不受虚荣心的奴役，即使上司做错了你也要尊重他，而不是攻击和责难。如果你总是这样替上司背黑锅的话，那么上司心里就会对你有好感。如果有的“黑锅”你背不起，甚至有可能影响到你的前程，必须找上司说清楚的时候，你也要把建议裹上糖衣迂回地送给上司，万不可失去理性地鲁莽“进谏”，触动上司的逆鳞，那样做受伤的只有你自己。

【领导者首先都是服从者】

“能服从人者，始能管理人。”要想出头，必先埋头；要想成为领导，必先学会跟随。英国文学家弥尔顿说过一句名言：“最能吃苦的人工作起来才最出色，最服从命令的人指挥起来才最有力。”如果你首先不愿服从别人，那么你永远没有领导别人的机会。

古希腊政治家梭伦说过：“发号施令之前先应学会服从。”而古罗马哲学家塞内加也说过几乎与此相同的话：“只有服从别人的人才能够领导别人。”

这些话是至理名言。通过研究人类社会的发展规律，就可以发现：凡是那些卓越的领导者，首先都是卓越的追随者。正是在追随的过程中，人才更容易被发现并拥有成为领导者的好机会。

因服从别人而脱颖而出、成为领导的人，在古今中外的历史上可谓比比皆是。汉高祖刘邦最初只是项羽的手下，对“西楚霸王”俯首听命，后来却打败了项羽；宋太祖赵匡胤原来是后周的一员大将，不久便黄袍加身，当了皇帝；明太祖朱元璋在参加反抗元朝的起义时，一开始也是郭子兴手下的一名小卒，后来屡立战功，步步高升，直至成为君临天下的领袖。

当你因学识经验等的不足，尚不具备成为领导者的资格和条件时，唯一的办法就是追随别人，尤其要追随那些成功的领导者，从而使自己具备领导别人的实力。

事实上，即使一个人确实具备了做领导的实力，但当客观条件不具备时，也必须首先追随别人。这样做的好处至少有三个方面：一是“借窝下蛋”，利用领导者所拥有的人际资源，而不是另起炉灶，浪费时间和精力；二是在追随领导者的过程中不断完善自己，进一步扩充实力；三是更好地展现自己的才华，自然而然地获得别人的信赖和拥护。

有些人拒绝服从别人，以显示自己的与众不同、清高孤傲或是“仙风道骨”。但这样做的结果，只能是使自己成为无人理睬的孤家寡人。一个不愿跟随别人、接受命令的人、既不可能获得那些领导人物的赏识和重视，也不可能有效地领导和指挥别人。因为他的拒绝行为实际上具有“示范作用”，那无异在告诉别人：跟随别人是不好的。因此，也就失去了别人的跟随。

军人的天性就是服从命令，一个人在生存中不可避免地要受制于来自外部或上级的各种指令。“能为人下，始能为人上。”因此，美国五星上将马歇尔提醒并告诫人们说：“年轻人，若想成为领导，就先学会服从吧！”

扫码获取
更多资源

找借口没有任何好处

一个人的命运是由人自己造成的，正如莎士比亚所说："人们可以支配自己的命运，若我们受制于人，那错处不在我们的命运，而在我们自己。"

然而，在人生的风浪中，却总是有那么多人将自己的人生之舟交给"借口"这根最脆弱的舵。于是，他们四处碰壁，被外力挟持着行进，等到人生的最后一刻，感慨两句："我的命运总在与我作对""来也匆匆，去也匆匆"，这就是用借口来为自己编织理由的人的一生。

他们走过这个世界，却没有留下任何痕迹。

【成功和借口不在同一个屋檐下】

闻名遐迩的美国西点军校，长期以来传承着这样一个规定：

学员遇到学长或军官问话，只能用四种简洁语言回答——

"报告长官，是。"

"报告长官，不是。"

"报告长官，没有任何借口。"

"报告长官，不知道。"

除此之外，不能有任何其他回答，也不能多说一个字。

> 善于找借口的人除此之外几乎一无是处。
>
> ——（美）富兰克林

"没有任何借口"是美国西点军校奉行的最重要的行为准则。它强调的是，要为成功找理由，而不要为失败找借口。一个人做任何事，如果失败了，只要他愿意找借口，总能找到完美的借口，但借口和成功不在同一屋檐下。乔治·华盛顿·卡佛说：“99%的人之所以做事失败，是因为他们有找借口的恶习。”就长远看来，找借口的代价非常大，因为你昧于事实，不去寻求失败的真正原因，只会使你重蹈覆辙，永远与成功无缘。一个令我们心安理得的借口，往往使我们失去改正错误的机会，更使我们错失成功的机会。

任何一位成功的人，都会负起责任，掌握一切，永远不会找出借口为自己辩护。不要任何借口，你才能爆发出一种驱使你努力追求成功的力量，你的问题就可以迎刃而解，你的生命可以像旭日升天，辉煌无比。

戴尔·卡耐基指出，整个社会的方向，我们每个人无法掌控，但是你不要以此为借口，你可以掌握自己的想法。戴尔的一位朋友处于经济大萧条之时，他发现过去人们只能从饮水机喝到一杯汽水，但是那个人想到了瓶装汽水，他坚信经济不景气，不影响这一构想，他拿他的构想和可口可乐公司交换他们采用瓶装汽水后所增加的收益的1%。从那一刻起，那1%使他成为一位百万富翁。无独有偶，另一位美国人却想到用小罐子装汽油出售，使人们加油不必跑到加油站，他把想法出售，以每卡车罐装汽油取走75美元，即使处于经济衰败之际，他仍变成了一位千万富翁。

任何人在走向目标、梦想的时候都会遇到挫折：资金与技术的缺失，时间紧迫，最信赖的人让你失望，无法回避的残酷现实，各种不可避免的厄运，不断加在你头上的“命运”论，使人受困于无法想象到的困境，种种借口的铢积寸累，如果你让自我屈服于这些挫折，你就会退缩、认输、投降、放弃。千万不要陷入借口的陷阱。要让你的态度保持积极，并立于掌控之中，不要让你自己被借口击倒。有借口的人到不了任何地方。摒弃借口，负起责任，走到成功的屋檐下。

【借口永远是失败的温床】

福特汽车的创始人亨利·福特，在制造著名的V–8汽车时，他明确指出要造一个内附8个汽缸的引擎，并指示手下的工程师们马上着手设计。

但其中一个工程师却认为，要在一个引擎中装设8个汽缸是根本不可能的。他对福特说：“天啊，这种计简直是天方夜谭！以我多年的经验来判断，这是绝对不可能的事。我愿意和您打赌，如果谁能设计出来，我宁愿放弃一年的薪水。”

福特先生笑着答应了他的赌约。他坚信自己的设想：“尽管现在世界上还没有这种车，但无论如何，我想只要多搜集一些资讯，并把它们的长处广泛地加以分析和改进，是完全可以设计和生产出来的。”

后来，其他工程师通过对全世界范围的汽车引擎资料的搜集、整理和精心设计，结果奇迹出现了，不但成功设计出8个汽缸的引擎，而且还正式生产出来了。

那个工程师对福特先生说：“我愿意履行自己的赌约，放弃一年的薪水。”

此时，福特先生严肃地对他说：“不用了，你可以领走你的薪水，但看来你并不适合在福特公司工作了。”

那个工程师在其他方面的表现很不错，但他却仅仅凭借自己现有的知识和经验就妄下结论，而不是去积极主动地广泛搜集相关资讯。不去寻找方法，只是一味地寻找借口。成功者找方法，失败者找借口，只找借口不找方法的人，等待他的必然只有失败。

一个遇事喜欢找借口的人，在面临挑战时，总会为自己未能实现某种目标找出无数个理由。而成功者大都不善于也不需要编制任何借口，因为他们能为自己的行为和目标负责，也能享受自己努力的成果。

一个人做事不可能一辈子一帆风顺，就算没有大失败，也会有小失败。而每个人面对失败的态度也都不一样，有些人不把失败当一回事，他们认为“胜败乃兵家之常事”；也有人拼命为自己的失败找借口，告诉自己，也告诉别人：他的失败是因为别人扯了后腿、家人不帮忙，或是身体不好、运气不佳等。总之，他们可以找出一大堆理由。

失败者完全可以从自身的角度去研究失败，如判断能力、执行能力、管理能力等，因为事情是失败者做的，决策是失败者制订的，失败当然也就是失败者造成的。因此，失败者大可不必去找很多借口。即使找到了借口，那也不能挽回失败者的失败。

其实，尽管有些失败是来自于客观因素，逃都逃不过，但还是不要找这种借口的好，因为找借口会成为一种习惯，让自己错过探讨真正原因的机会，只会滋生出更大更多的失败。

面对失败是件痛苦的事，因为它就仿佛自己拿着刀割伤自己一样，但不这样做又要如何？人不是要追求成功吗？因此碰到失败，要找出原因来，就好比找出身上的病因一样，以便对症医治。老是为失败找借口的人除了无助于自己的成长之外，也会造成别人对他能力的不信任，这一点也是无法避免的。

失败并不可怕，可怕的是身临失败之境却毫无意识，甚至自以为胜，置身于借口的陷阱中而不知，这才是一种人生的悲哀，是人生最大的失败。

【征服自己，不做借口的奴隶】

美国成功学家格兰特纳说过这样一段话："如果你有自己系鞋带的能力，你就有上天摘星的机会！"诚然如此，如果能改变对借口的态度，把寻找借口的时间和精力用到人生奋斗上来，那么，不管你头顶上是什么样的天空，你都能留下飞翔的痕迹。

制造托词来解释失败，这源于人性深处的懦弱与无能，每个人都有无穷尽的借口来为自己开脱，因为谁都不愿去正视生活中残酷的现实，找借口其实是最容易的超脱痛苦之道，而这种超脱永远只是浅薄的，貌似从失败的痛苦中解脱出来，代价却是从来不会享受到幸福的果实。

一位哲学家说道："当我发现别人最丑陋的一面正是我自己本性的反映时，我大为惊讶。"

艾乐勃·赫巴德也说："我不知道，为何人们用这么多的时间制造借口以掩饰他们的弱点，并且故意愚弄自己。如果用在正确的用途上，这些时间足够矫正这些弱点，那时便不需要借口了。"

然而，生活中因各种借口造成的消极心态，还是像瘟疫一样毒害着我们的灵魂，并且互相感染和影响，极大地阻碍着人们正常潜能的发挥，使许多人未老先衰，丧失斗志，消极处世。

那么，如何才能克服"借口症"，让人们敢于正视自己的现状做生活真正的主人呢？办法之一就是用事实将借口的理由一一驳倒，使这棵毒花失去它生成的根基。

下面是我们日常生活中所常用的"挡箭牌"，让我们来看看它们是何等的荒谬。

年龄借口——有一次老侯在街上偶然碰见一位少年时代的同乡，十几年未见面，大家都大为感慨，于是亲切地聊起来。然而，使他惊愕的是，老乡竟说自己已经“老”了。“现在只是为了孩子赚钱，还有十几年就要退休养老了，没有其他想法了。”

老天，他才三十五六岁！怎么就等待退休养老呢？

你就不会诧异于我们这个社会有那么多失败者，他们不努力去追求成功，却随意找借口，迎接和等待人生的失败。

要知道，三十五六岁是人生中最有作为、精力最旺盛的时候。因为这个时候，人们因吸收广泛的生活养料而比较成熟，比较容易认识和把握自己与社会。

据拿破仑 · 希尔对 500 人的分析反映，很少有人在 40 岁以前取得事业上的大成功。美国著名的汽车大王福特，40 岁还没有迈出成功的重要步伐。美国钢铁大王安德鲁 · 卡耐基在取得巨大成功之时，已过 40 岁。希尔本人出版第一本成功学著作时已是 45 岁，之后他为成功事业还奋斗了 42 年，当他 80 岁的时候还在出书。

当然，现代社会发展比较迅速，40 岁之前成功的例子已比比皆是（这也说明“我还年轻”的借口同样站不住脚）。由于各人的条件、目标、成功的内容和起点不同，40 岁后成功的例子仍然相当普遍。

年龄，绝不能成为不成功的借口。

教育和文凭的借口——“我没有受过良好的教育”“我没有文凭”，这是不少人常用的借口。

事实上学习知识的途径多种多样，学校教育、文凭教育，仅仅是千万条求知途径中的一种。

其实，从学校的书本上学东西，常常有很大的局限性，真正的教育来自社会和自学。

我们来看看那些成功人物的教育与学历情况：我国亿万富翁治秃专家赵章光高中毕业；美国钢铁大王安德鲁 · 卡内基 13 岁开始工作，几乎没接受什么正规教育；美国石油大王洛克菲勒高中辍学；日本松下幸之助小学四年级的学历；香港富商李嘉诚初中学历……这些成功者的知识与能力全靠自学与实践而来。

工作中的借口——在工作中，我们经常会听到这样或那样的借口。

借口在我们的耳畔窃窃私语，告诉我们不能做某事或做不好某事的理由，它们好像是“理智的声音”“合情合理的解释”，冠冕而堂皇。上班迟到了，会有“路上堵车”“手表停了”“今天家里事太多”等借口；业务拓展不开、工作无业绩，会有“制度不行”“政策不好”或“我已经尽力了”等借口；事情做砸了有借口，任务没完成有借口。只要有心去找，借口无处不在。做不好一件事情，完不成一项任务，有成千上万条借口在那儿响应你、声援你、支持你，抱怨、推诿、迁怒、愤世嫉俗成了最好的解脱。借口就是一块敷衍别人、原谅自己的“挡箭牌”，就是一副掩饰弱点、推卸责任的“万能器”。有多少人把宝贵的时间和精力放在了如何寻找一个合适的借口上，而忘记了自己的职责和责任！

资金借口——“我没有资金，所以我不能成功……”

事实是，有资金可以帮助我们成功，但没有资金，只要想办法同样可以创业赚钱，同样可以成功。当代中国百万富翁、亿万富翁，几乎全是白手起家的。国外白手起家的富翁也到处可见。其实，资金来源途径很多：积少成多地积累，大雪球是从小雪球滚成的；向亲朋好友借钱集资；寻找一个能生财的门路；或抓住机会找银行贷款；或找有钱单位和个人合伙；集资入股……许多做大生意的人，都不是靠自己个人的资金，而是充分利用了银行、信用社以及社会闲散资金。

以上这些荒谬无比的借口成了很多人裹足不前的理由，它们就像一个蛹，把一个向上的，进取之心层层包裹起来，而世人最大的悲哀就在于，他们生活在这个蛹中，自娱自乐着。柏拉图曾经说过：“征服自己是最大的胜利，被自己所征服是最大的耻辱和邪恶。”挣脱借口的束缚，从这个蛹中破壳而出，给你置身其中的世界一个公正而真实的评价，然后正视你所面临的一切，向未知世界勇敢挺进，那个世界没有懦弱和借口，只有战胜人性的弱点后拿云攫石、俯视一切的无畏和气度。

礼节是封推荐信

天逸子说：“以礼敬于人，人们就服从你；以礼敬于神，神就保佑你；以礼敬于天，天就会相助你。”礼节经常可以替代最高贵的感情，不用花钱，却能为您赢得一切。

1930 年，传教士西蒙 · 史佩拉每日习惯于在乡村的田野之中漫步很长的时间。无论是谁，只要经过他的身边，他就会热情地向他们打招呼问好。

其中有个叫米勒的农夫是他每天打招呼的对象之一。米勒的田庄位于小镇的边缘，史佩拉每天经过时都看到他在田里勤奋地工作。然后这位传教士总会向他说：“早安，米勒先生。”

当传教士第一次向米勒道早安时，这个农夫只是转过身去，像一块石头般又臭又硬。在这个小乡镇里，犹太人和当地居民处得并不太好，成为朋友的更绝无仅有。不过这并没有妨碍或打消史佩拉传教士的勇气和决心。一天又一天过去，他持续以温暖的笑容和热情的声音向米勒打招呼。终于有一天，农夫向传教士举举帽子示意，脸上也第一次露出了一丝笑容。

> 一切的门户都向礼貌敞开。
> ——（美）富勒

这样的习惯持续了好多年，每天早上，史佩拉会高声地说：“早安，米勒先生。”那位农夫也会举举帽子，高声地回答道：“早安，西蒙先生。”这样的习惯一直延续到纳粹党上台为止。

作为犹太人的史佩拉全家与村中所有的犹太人都被集合起来送往集中营。史佩拉被送往一个又一个集中营，直到他来到最后一个位于奥斯维辛的集中营。

从火车上被赶下来之后，他就等在长长的行列之中，静待发落。在行列的尾端，史佩拉远远地就看出来营区的指挥官拿着指挥棒一会儿向左指，一会儿向右指。他知道发派到左边的就是死路一条，发派到右边的则是还有生还的机会。

他的心脏怦怦跳动着，愈靠近那个指挥官，就跳得愈快。很快就要轮到他了，什么样的判决会轮到他？左边还是右边？

他离那个掌握生死的独裁者还有一段距离，但是他清楚这个指挥官有权力将他送入焚化炉中。这个指挥官到底是个什么样的人？他怎么能在一天之中将千百人送入枉死城中？他的名字被叫到了，突然之间血液冲上他的脸庞，恐惧消失得无影无踪了。然后那个指挥官转过身来，两人的目光相遇了。

史佩拉静静地朝指挥官说："早安，米勒先生。"米勒看起来依然冷酷无情，但听到他的招呼，脸上肌肉突然抽动了几秒钟，然后也平静地回答道："早安，西蒙先生。"接着，他举起指挥棒指了指说："右！"他边喊还边不自觉地点了点头。"右！"——意思就是生还者。

在生死攸关的时刻，习惯性地礼节问候甚至战胜了专制与残酷，即使是刽子手也被这礼节的春风所唤醒，礼节还有什么不能摧毁的？

【礼节的椟有时胜于智慧的珠】

琼和玛丽雅是同一天来到这家著名广告公司应聘美编的。单从两个人的作品上看，技术水平不相上下。不过琼在思路方面略胜一筹，因为她已做过3年的美编，所以他的经验相对于才出校门的玛丽雅来说自然要丰富一些。两个人一起被通知参加试用，但结果很明确，只能留下一个。

琼上班时间从来都是一身T恤短裤的打扮，光脚踩一双凉拖鞋，也不顾电脑室的换鞋规定，屋里屋外就这一双鞋，还振振有词地说："到公司上班的人都这样，再说我这不是穿着拖鞋吗。"不管是在工作台前画图，还是在电脑前操作，只要活干得顺手，一高兴起来准得把鞋踢飞。刚开始，同事们还把她的鞋藏起来，和她开玩笑，后来发现她根本不在乎，光着脚也到处乱跑。

相反，玛丽雅是第一次工作，多少有点拘谨，穿着也像她的为人一样——文静、雅致之外，带着少许灵气，她从来不通过发型、化妆来标榜自己是搞艺术的，只是在小饰物上显示出不同于一般女孩的审美观点来，说话温温柔柔的，很可爱。

有一天中午，电脑室的空气中忽然飘出腥臭的味道，弄得一办公室人互相用猜疑的目光观察对方的脚，想弄清到底谁是“发源地”。后来，大家发现窗台下面有嗦嗦的响声，原来那里放着一个黑色塑料袋，胆子大的打开来一看，居然是一大袋海鲜。众人的目光不约而同地集中在琼的身上，没想到她坦坦荡荡地说：“小题大做，原来你们是在找这个。嗨，这可怪不得我，这里的海鲜只能叫海臭，一点都不新鲜。”这时玛丽雅端过来一盆水：“琼小姐，把海鲜放在水里吧，我帮你拿到走廊去，下班后你再装走。”琼一边红着脸，一边把袋子拎走了。

结果呢，试用期才进行了两个月，琼背包走人，尽管她的方案比玛丽雅做得要好，但是老板不想因为留下这样一个太不修边幅的人，而得罪一大批其他雇员。临走的时候，老板对琼说：“琼小姐，你的才气和个性都不能成为你搅扰别人心情的原因，也许你更适合一个人在家里成立工作室，但要在大公司里与人相处，处世得体和合作精神是十分重要的。”

礼节是微妙的东西，像琼那样的人却恰恰因为不拘小节而抹杀了自己能力的锋芒，有时候，往往就是礼节成为人处世最有用的东西。它在给予人之后，会给人以好感。它是疲倦者的休息，失望者的日光，悲哀者的阳光，又是大自然的排除患难的良剂。

纽约一家极具规模的百货公司里的一位人事部主任，谈到他雇人的标准时，他说他宁可雇用一个有可爱的微笑、小学还没有毕业的女孩子，也不愿意雇用一个冷若冰霜的哲学博士。在我们涉足社会时，一定不要忘了带好礼节这封推荐信，否则当心别人买椟还珠，纵然你是颗最灿烂的宝石，也只有被埋没了。

【脱帽在手，世界任你走】

1961 年 4 月 12 日，苏联宇航员加加林乘坐“东方”号宇宙飞船进入太空遨游了 108 分钟，成为世界上第一位进入太空的宇航员。加加林能在 20 多名宇航员中脱颖而出，起决定性作用的是一个偶然事件。

原来，在确定人选前一个星期，主设计师科罗廖夫发现：在进入飞船前，只有加加林一人脱下鞋子，只穿袜子进入座舱。就是因为这个礼节，加加林一下子赢得了主设计师的好感。科罗廖夫感到这个27岁的青年如此懂得规矩，又如此珍爱自己为之倾注心血的飞船，于是他决定让加加林执行这次飞行。

正是因为脱鞋入舱这一基本的礼节，使加加林走进了太空，无独有偶，德国有一句谚语叫“脱帽在手，世界任你走”。有礼节不一定总能为您带来好运，但没有礼节却往往会与幸运擦肩而过。对于有礼节的人来说，成功的大门会向他们敞开。他们即使身无分文，也随时随地会受到人们热情的接待。不妨假设有这么两个人，他们在其他方面都一样，只是在待人处事方面不同：一个谦和友善、助人为乐，举手投足无不具有绅士风范；而另一个举止粗鲁轻慢，对人总是吹毛求疵，没有一点合作精神。很显然，前者的事业会蒸蒸日上，后者只会江河日下。礼节是叩响成功之门的第一块金砖，它能使有礼节的人喜悦，也使那些受人以礼貌相待的人喜悦。英国教育家洛克说，没有教养的人有了胆量，胆量就会带有野蛮的色彩，而别人也必以野蛮相看待；学问就变成了迂气；才智就变成了滑稽；率直就变成了粗俗；温和就变成了谄媚。没有礼仪，无论什么美德就都会变样。他说，美德是精神上的一种宝藏，但是使它们生出光彩的则是良好的礼节。

按照洛克所说，所谓“教养”，它是以美德为根基，而以礼节为藻饰的。如同钻石，经过琢磨和镶嵌之后，它就放出光彩来了。

美国成功学家马尔登也说过：文明的举止，还有这背后所蕴藏的对人的体谅、关心，是我们人生的一笔巨大财富。不同的举止，可以使我们或者恼怒，或者平静；或者兴高采烈，或者羞愧难当；或者与禽兽为伍，或者与圣贤同列。这种东西好像是我们日常呼吸的空气一般，平时我们感觉不到它的存在，但润物细无声，天长日久、一点一滴地对我们产生作用。这种绵里藏针的力量，是那种匹夫之勇所不能比拟的。它是我们日常社交生活的润滑剂，是整个社会减少损耗、高效运转的助推剂。

许多行为不过是无伤大雅的小事。也有人常以“大家都这么做，我有什么办法”为自己“不拘小节”做挡箭牌。但恰如《格言联璧》里所说：多少良心就在“不为过”这三字下抹掉了，多少体面也就在“没奈何”三字前被抹去！你所“不拘”的“小节”，恰是做人的“大节”。古希腊哲学家赫拉克利特说：“教养是有教养人的第二个太阳。”德国大诗人歌德说:“行为是一面镜子,在它面前,每一个人都显露出各自真实的面貌。”没有礼貌,缺乏教养,正从一个侧面反映出了这个人或自私,或懒惰,或吝啬,或贪婪,或傲慢等等不良的人品。

在大多数人的心目中,粗暴无礼往往不是一种恶劣性格的表现,而是多种恶习的集中,如懒散、愚蠢、妒忌、粗心大意、爱慕虚荣、对人缺乏了解而妄加轻视。

糟糕的举止会搞糟一切。相反,良好的举止会弥补一切。它使我们说出的“不”字带上了金色,使真理变得甜蜜,使我们自身增加了三分美丽。有“礼”才能走遍天下,脱下帽子,您在哪都会受到欢迎。

【如何拥有礼节“推荐信”】

既然礼节能够为您的美德加上一层藻饰,为你的成功更添一分胜算,那么我们怎么才能拥有这封推荐信呢?

(1)与人交往时要控制和历练自己的举止,尤其是一些行为语言,它们看似很小,实则关系重大,我们要重视它们。在交际举止中,如走路的姿势、坐姿、站姿、握手的具体动作等,都有学问。

①握手时,标准的姿势应该是身体稍向前倾斜,手掌伸开,全手掌握住对方,稍用力即可。

如果拇指向下,仅伸出几个手指,这只能说明对对方的不够尊重,自己的素质也比较低。当然,与女士握手时,只有当女方伸出手时才可以握,不能强行去拉对方的手。握手时也应当避免不必要的小动作,如用手指滑动对方的手心或手背等。这是一种不良的习惯,不规范的握手动作。

②站姿在人际交往中也是很重要的。一般来说,交际双方站着谈话,一不要把双臂搂抱在胸前,二不要双腿叉得太开,三不要有小动作。应是尽量站得直一些,双臂自然下垂,双腿稍稍分开就可以了。

③坐着说话时,正确体姿应该是稳稳地坐着,并把双手随便放在大腿上。不要一会儿掏兜,一会儿玩钥匙圈,一会儿捏弄手指等。这样会使对方分散注意力,变得心神不宁。总之,要控制和历练自己的举止,是要在每个细节上下功夫的。

（2）登门拜访时要讲究以下礼节。

①决定拜访的时间，要先考虑一下对方是否方便。要在当天按约定的时间进行拜访。最重要的是按约定的时间进行拜访。

②应邀到对方家中做客时，要特别注意衣冠整齐和仪表的自然。如果你想让对方家长称赞你，就不要穿看上去很邋遢的衣服。女孩穿上连衣裙，男孩则可穿西服，或者穿上让长辈们喜欢的流行装。除了服饰，发型也是至关重要的，总体上要让人感到干净利落。

③要带对方喜欢的礼物。拜访时随手携带的礼物有糕点和水果等，原则上带不会剩下的东西。但是，若要拜访全是男性之家或为了控制体重节食的朋友家，最好带一些西式点心。总之，要选择一些对方爱好和喜欢的东西带去。把所携带的礼物交给对方的时间一般在请进室内、寒暄之后比较合适。

④拜访的时候，注意吸烟时的礼节。像在自己家里一样吞云吐雾是绝对不行的。如果对方也吸烟的话，吸支烟倒也无妨，如果对方不吸烟，则要尽量节制一下自己。实在想吸时，也要跟对方说一声再点烟。在有孕妇和儿童的家里，必须禁止吸烟。

⑤别把别人家当成自己家一样转来转去。若主人鼓励你走一走，或“自己逛一逛”，很好，不过，没有得到允许时，可别到处乱走。

⑥拜访时，多少时间才算打搅，要看与对方的亲密程度。如果是熟人，要考虑限定在一个小时为宜。即使是很亲密的朋友，如拜访超过两小时，也应该返回，长时间拜访不好。

（3）注重待客之道。

①在家待客首先要打扫好房间。把室内打扫干净再迎接客人，仅这一点就可传递对客人的招待情谊。还有，夏季时，使室内清凉，如果到了冬天，把室内弄得暖暖和和地迎接客人，也是注重礼节的内容，让客人感觉到你对他的尊重。

②为了让客人没有拘束感，做适当安排是必要的。在门厅和卧室插上花，准备一些自制的糕点和饭菜，用干净的茶杯端上茶，用心表示接待客人的心意。让客人感到：“这是在欢迎自己！”对客人来说，这是比什么都轻松愉快的事情。

③你的家应该有足够多的让客人安坐和用餐的舒适空间。

④如果家里养猫、狗，在邀请客人之前，先问一问他是否对动物敏感。为避免你的宠物跳到客人身上或爬到客人的腿上，在客人来访期间，应把它们关在其他的房间。

⑤假如收到客人带来的礼物，要把礼品放在上座的地方，然后再拿到别的房间。在门厅就收到礼品时，在室内寒暄时要再一次致谢礼。如果是吃的礼品，就要和客人一起吃，马上拿出来也没有关系。其他的礼品不要当场打开，这才符合礼节要求。

⑥客人回去时表示再一次挽留也是礼貌。但是因确实另有约会，也有的人必须回去，所以不必强人所难，过分挽留，而可根据对方的表情判断。

⑦送客时，应当把客人送到外面，或送到附近的车站。即使对方说："目送就可以了。"也要在门口站一会儿目送对方，并且注意不要把门厅的灯马上熄灭。

人生的海洋上总是埋伏着无数未知的风暴，我们一点一滴写就的礼节这封永远的介绍信往往会在我们想不到的时候助我们一臂之力，正像美国政治家约翰逊所说："礼节像船上的气垫：里面可能什么也没有，但是却能奇妙地减少颠簸。"

扫码获取更多资源

面对逆境需要坚韧

英国诗人桑德伯格曾说："生活就像洋葱，你一层一层地剥开，总有一层会让您流泪。"在漫长的人生旅途中，我们总会碰到暗无天日的境遇，就像我们无可避免地要剥到那层让我们流泪的洋葱一样，我们不能控制逆境的出现与否，但是我们却能够和它抗争。

【品尝苦涩的人才能加倍感受香醇】

每个人在身处逆境时，总是有着超出自己想象的忍受力，而只有从逆境中走出来的人才比别人更深刻地感受到成功的芬芳。

阿兰·米穆是一位历经辛酸从社会最底层拼搏出来的法国当代著名长跑运动员、法国1万米长跑纪录创造者、第十四届伦敦奥运会1万米赛亚军、第十五届赫尔辛基奥运会5000米亚军、第十六届墨尔本奥运会马拉松赛冠军，后来在法国国家体育学院执教。

> 无论头上是怎样的天空，我准备承受任何风暴。
>
> ——（英）拜伦

米穆出生在一个相当寒酸的家庭。从孩提时代起，他就非常喜欢运动。可是，家里很穷，他甚至连饭都吃不饱。这对任何一个喜欢运动的人来讲都是颇为难堪的。例如，踢足球，米穆就是光着脚踢的。他没有鞋子。他母亲好不容易替他买了双草底帆布鞋，为的是让他去学校念书穿的。如果米穆的父亲看见他穿着这双鞋子踢足球，就会狠狠地揍他一顿，因为父亲不想让他把鞋子穿破。

11岁半时，米穆已经有了小学毕业文凭，而且评语很好。他母亲对他说："你终于有文凭了，这太好了！"可怜的妈妈去为他申请助学金。但是，遭到了拒绝！

这是多么不公正啊！他们不给米穆助学金，却把助学金给了比他富有很多的殖民者的孩子们。鉴于这种不公道，米穆心里想："我是不属于这个国家的，我要走。"可去哪里呢？米穆知道，自己的祖国就是法国。他热爱法国，他想了解它。但怎么去了解呢？因为他太穷了。

没有钱念书，于是米穆就当了咖啡馆里跑堂的了。他每天要一直工作到深夜。但还是坚持锻炼长跑。为了能进行锻炼，每天早上五点钟就得起来，累得他脚跟都发炎脓肿了 。总之，为了有碗饭吃，米穆是没有多少工夫去训练的。但是，他还是咬紧牙关报名参加了法国田径冠军赛。米穆仅仅进行了一个半月的训练。他先是参加了一万米冠军赛，可是只得了第三名。第二天，他决定再参加五千米比赛。幸运的是，他得了第二名。就这样，米穆被选中并被带进了伦敦奥林匹克运动会。

对米穆来说，这简直是不可思议的事情！他在当时甚至还不知道什么是奥林匹克运动会，也从来想象不到奥运会是如此宏伟壮观。全世界好像都凝缩在那里了。不过，此刻，最重要的是，他知道自己是代表法国。他为此感到高兴。

但是，有些事情让米穆感到不快。那就是，他并没有被人认为是一名法国选手，没有一个人看得起他。比赛前几小时，米穆想请人替自己按摩一下。于是他便很不好意思地去敲了敲法国队按摩医生的房门。

得到允许以后，他就进去了，按摩医生转身对他说："有什么事吗，我的小伙计？"米穆说："先生，我要跑1万米，您是否可以助我一臂之力？"

医生一边继续为一个躺在床上的运动员按摩，一边对他说："请原谅，我的小伙计，我是派来为冠军们服务的。"

米穆知道，医生拒绝替自己按摩。无非就是因为自己不过是咖啡馆里一名小跑堂罢了。

那天下午，米穆参加了对他来讲是有历史意义的1万米决赛。他当时仅仅希望能取得一个好名次，因为伦敦那天的天气异常干热，很像暴风雨的前夕。比赛开始了。米穆并不模仿任何人。同伴们一个接一个地落在他的后面。他成了第四名，随后是第三名。很快，他发现，只有捷克著名的长跑运动员扎托倍克一个人跑在他前面进行冲刺。米穆终于得了第二名。

米穆就是这样为法国和为自己争夺到了第一枚世界银牌的。然而，最使米穆感到难受的，还是当时法国的体育报刊和新闻记者。他们在第二天早上便边打听边嚷嚷："那个跑了第二名的家伙是谁呀？啊，准是一个北非人。天气热，他就是因为天热而得到第二名的！"瞧瞧，多令人心酸！

米穆感到欣慰的是，在伦敦奥运会四年以后，他又被选中代表法国去赫尔辛基参加第十五届奥运会了。在那里，他打破了1万米法国纪录，并在被称之为"本世纪5000米决赛"的比赛中，再一次为法国赢得了一枚银牌。

随后，在墨尔本奥运会上，米穆参加了跑马拉松比赛。他以1分40秒跑完了最后400米。终于成了奥运会冠军！

他不用再去咖啡馆当跑堂了。可是，米穆却说："我喜欢咖啡，喜欢那种香醇，也喜欢那种苦涩……"

咖啡总是苦涩与香醇并存，人生也是痛并快乐着，在米穆从咖啡馆跑堂跑到奥运会冠军的这条路上，布满了障碍，几乎没有一种境遇是有利的，但是这并没有阻碍他的发展，逆境给了他锻炼意志、增加能力的机会，他最终喜欢上了咖啡的苦涩，从这苦涩中他获得了晋身之阶。泰戈尔曾说："让我不要祈求免遭危难，只要我能大胆地面对它们。"因为有了苦味，咖啡才香醇；因为有了不幸的阻力，我们才更能飞奔向前。困苦永远是坚强之母，它所蕴藏的力量能让你永远跑在最前面，只要你不被它击倒。

【历经锤打，将自己锻成锋利的钢刃】

1832年，美国的一位普通青年失业了，这显然使他很伤心，但他下决心要当政治家，当州议员。糟糕的是，他竞选失败了。在一年里遭受两次打击，这对他来说无疑是痛苦的。

接着，他着手自己开办企业，可一年不到，这家企业又倒闭了。在以后的17年间，他不得不为偿还企业倒闭时所欠的债务而到处奔波，历尽磨难。

随后，他再一次决定参加竞选州议员，这次他成功了。他内心萌发了一丝希望，认为自己的生活有了转机："可能我可以成功了！"

1835年，他订婚了。但离结婚还差几个月的时候，未婚妻不幸去世。这对他精神上的打击实在太大了，他心力交瘁，数月卧床不起。1836年，他得了神经衰弱症。

1838年，他觉得身体状况良好，于是决定竞选州议会议长，可他失败了。1843年，他又参加竞选美国国会议员，但这次仍然没有成功。

他虽然一次次地尝试，但却是一次次地遭受不幸：企业倒闭、情人去世、竞选败北。要是你碰到这一切，你会不会放弃——放弃也许你就会从此得到解脱。

但这个人无比地执着，哪怕只有针尖般大小的希望他也不愿缴械投降，他没有放弃，他也没有说："要是失败会怎样？"1846年，他又一次参加竞选国会议员，最后终于当选了。

两年任期很快过去了，他决定要争取连任。他认为自己作为国会议员表现是出色的，相信选民会继续选举他。但结果很遗憾，他落选了。

因为这次竞选他赔了一大笔钱，他申请当本州的土地官员。但州政府把他的申请退了回来，上面指出："作本州的土地官员要求有卓越的才能和超常的智力，你的申请未能满足这些要求。"

接连又是两次失败。在这种情况下你会坚持继续努力吗？

然而，作为一个坚强的人，这个人没有服输。1854年，他竞选参议员，但失败了；两年后他竞选美国副总统提名，结果被对手击败；又过了两年，他再一次竞选参议员，还是失败了。

他尝试了11次，可只成功了2次，他一直没有放弃自己的追求，他一直在做自己生活的主宰。1860年，他当选为美国总统。

这个人就是亚伯拉罕·林肯，他遇到过的敌人你我都曾遇到。因为他是一个意志坚韧的人，他面对困难没有退却、没有逃跑，他坚持着、奋斗着。他压根就没想过要放弃努力，他不愿放弃，所以他最终从一个又一个的坎坷中走出来，成为美国历史上最伟大的总统之一。

一个人遇到一次不幸，坚强地挺下去并不难，难的是能够以一颗坚韧的心抗争每一处逆境，这些对于一个真正坚韧的人来说，是一把打向坯料的锤，打掉的应是脆弱的铁屑，锻成的将是锋利的钢刀。每一次锤打都是痛苦的，但历经的锤打越多，这把钢刀就越锋利，最终承受锤打的人会手持这把钢刀划破不幸的胸膛！

【把人生的绊脚石转化为垫脚石】

一个走夜路的人碰到一块石头上，他重重地跌倒了。

他爬起来，揉着疼痛的膝盖继续向前走。

他走进了一个死胡同。

前面是墙，左面是墙，右面也是墙。

前面的墙刚好比他高一头，他费了很大力气也攀不上去。

忽然，他灵机一动，想起了刚才绊倒自己的那块石头，为什么不把它搬过来垫在脚底下呢？

想到就做，他折了回去，费了很大力气，才把那块石头搬了过来，放在墙下。

踩着那块石头，他轻松地爬到了墙上，轻轻一跳，他就越过了那堵墙。

一个意志坚定的人不仅能坦然地面对命运为他布下的泥潭，而且还能在遭受无法改变的处境时仍然保持理智，清醒地做出有利于自己走出逆境的选择，把绊脚石变为垫脚石，向上看，而不是将自己包裹在逆境的果壳里畏缩着不肯出来。“把人生的绊脚石转化为垫脚石”，不仅是一种智慧，更是意志坚定者的最高境界。在你人生的路途上，让你头破血流的往往不是你脚下的绊脚石，而是你面对绊脚石的态度，一旦你就此跌倒不起，你就将从此缺席。

在一次火灾中，一个小男孩被烧成重伤。虽然经过医院全力抢救脱离了生命危险，但他的下半身还是没有任何知觉。医生悄悄地告诉他的妈妈，这孩子以后只能靠轮椅度日了。

一天，天气十分晴朗。妈妈推着他到院子里呼吸新鲜空气，然后有事离开了。一股强烈的冲动从男孩的心底涌起：我一定要站起来！他奋力推开轮椅，然后拖着无力的双腿，用双肘在草地上匍匐前进，一步一步地，他终于爬到了篱笆墙边。接着，他用尽全身力气，努力地抓住篱笆墙站了起来，并且试着拉住篱笆墙向前行走。没走几步，汗水从额头滚滚而下，他停下来喘口气，咬紧牙关又拖着双腿再次出发，直到篱笆墙的尽头。

就这样，每一天男孩都要抓紧篱笆墙练习走路。可一天天过去了，他的双腿仍然没有任何知觉。他不甘心困于轮椅的生活，一次次握紧拳头告诉自己：未来的日子里，一定要靠自己的双腿来行走。终于，在一个清晨，当他再次拖着无力的双腿紧拉着篱笆行走时，一阵钻心的疼痛从下身传了过来，那一刻，他惊呆了。他一遍又一遍地走着，尽情地享受着别人避之唯恐不及的钻心般的痛楚。

从那以后，男孩的身体恢复得很快。先是能够慢慢地站起来，扶着篱笆走上几步。渐渐地他便可以独立行走了，最后一天，他竟然在院子里跑了起来。自此，他的生活与一般的男孩子再无两样。到他读大学的时候，他还被选进了学校田径队。

他就是葛林·康汉宁博士，他曾经跑出过全世界最好的短跑成绩。

正如武田麻弓在自传《抗争》中所说："没有天生的强者，一个人只有站在悬崖边时才会真正坚强起来。"逆境是不能选择的，但是坚强的人会把它转化为自己能够忍受的东西，然后督促自己站起来，成为无坚不摧的强者。成功的种子不是落在肥土而是落在瓦砾中，这是因为有生命力的种子绝不会悲观和叹气，它们会以此为契机，长成最茁壮的树木。人的生命力是比种子更旺盛的，所以我们应该永远记得："故天将降大任于斯人也，必先苦其心志，劳其筋骨，饿其体肤，空乏其身，行拂乱其所为，所以动心忍性，增益其所不能。"在漫长的人生旅途中，我们一定要撑持住那暗无天日的境遇，将抗争进行到底！

不要让私欲迷惑了心智

人是欲望的动物，所以永远得不到满足，永远在为自己攫取着，所以最容易沦为私欲的奴隶，把自己的心灵变成了地狱。而当一个人的人生走向终点时，他才会发现：人，是不会从他过多拥有的东西中得到乐趣的，而这些东西却总是以一种魔力引诱着人去追逐，失去理智也在所不辞。于是世界上成千上万的人带着这些东西走向了坟墓，可悲又无奈。

一位虔诚的教徒受到天堂和地狱问题的启发，希望自己的生活过得更好，他找到先知伊利亚。

“哪里是天堂，哪里是地狱？”伊利亚没有回答他，拉着他的手穿过一条黑暗的通道，来到一座大厅。大厅里挤满了人，有穷人，也有富人。有的人衣衫褴褛，有的人珠光宝气。在大厅的中央支着一口大铁锅，里面盛满了汤，下面烧着火。整个大厅中散发着汤的香气。大锅周围挤满两腮凹进，带着饥饿目光的人，他们都在设法分到一份汤喝。

> 海纳百川，有容乃大；壁立千仞，无欲则刚。
>
> ——（中国）林则徐

但那勺子太长太重，饥饿的人们贪婪地拼命用勺子在锅里搅着，但谁也无法用勺子盛出来，即使是最强壮的人用勺子盛出来，也无法把汤靠近嘴边去喝。有些鲁莽的家伙甚至烫了手和脸，还溅在旁边人的身上。于是大家争吵起来，人们竟挥舞着本来为了解决饥饿的长勺子大打出手。先知伊利亚对那位教徒说：“这就是地狱。”

他们离开了这座房子，再也不忍听他们身后恶魔般的喊声。他们又走进一条长长的黑暗的通道，进入另一间大厅。这里也有许多人，在大厅中央同样放着一大锅热汤。就像地狱里所见的一样，这里勺子同样又长又重，但这里的人营养状况都很好。大厅里只能听到勺子放入汤中的声音。这些人总是两人一对在工作：一个把勺子放入锅中又取出来，将汤给他的同伴喝。如果一个人觉得汤勺太重了，另外的人就过来帮忙。这样每个人都在安安静静地喝。当一个人喝饱了，就换另一个人。

先知伊利亚对他的教徒说："这就是天堂。"

被私欲蒙蔽心智的人在地狱中因为只想满足自己的私欲，所以谁也不懂得分享的美好，结果谁也喝不到汤。如果你心里只有自己，就只能下地狱，挥舞大勺和其他的自私鬼们争斗，你们大打出手，可你们谁也喝不到汤。这就是内心充满私欲的人的结局，实在是可怜。你自己的私欲往往就是你亲手为自己掘的一座坟墓。

【私欲破坏生存的秩序】

人是欲望的动物，实现自我，是每个人的追求，这没有什么不合理，没有什么值得非议的。

就像三毛所说："在我的生活里，我就是主角。"

除非他是神经病，没有人不关心自己，不希望发展自己，实现自己的追求。这一切可谓人之私欲使然。没有私欲是不正常的，有私欲而无度则更是不正常的，不损人利己，不损公肥私，这是最基本、最道德的私欲标准。

正常地关心自己，发展自己，实现自己，人人都自珍自爱自重。为此，社会才能充满勃勃生机，充满欢声笑语。

然而，当那些被私欲冲得丧失理智的人以"人不为己，天诛地灭"来为自己的自私行为进行辩护的时候，人性便变得极其荒谬了。他的所谓"为己"是指为了自己而不顾别人，为了自己的利益而损害公共利益和他人利益。二者的本质区别就在这里。

前者的关心自己、发展自己和实现自我，绝不是以损害他人为前提，相反，前者的最终目的和实际的人生效果应该是为人，为大众的，他们所追求的是“人人为我，我为人人”这样一种良好的人际关系模式。而内心充满私欲则会损公损人，奉行所谓“人人为自己，上帝为大家”这个可诅咒的教条。

英国大哲学家培根从政治高度谈到了私欲的危害性。

蚂蚁是一种为自己打算起来很聪明的动物，但是在一座果园或花园里它就是一种有害的动物了。对自己忠实，要做到无欺于人的地步，尤其是对他的君主与国家应该这样。把一个人的私利，作为他的行动的中心，是很不好的，对一切事物都拿自己做标准是一件很危险的事，因为任何事若经手这样的一个人，他一定会为自己的私利而把那些事扭曲的；而这种行为往往是与他的主上或国家的利益违背的……先顾臣仆之利，后及主上之利，这已经是很不合适了；然而有时竟以臣之小利而不顾主上之大利，这就为害最烈了。这种情形即是不良的官员、财吏、使节与将帅以及其他的奸臣污吏之所为；顺循自己的小利与私怨，而破坏君主的重大事业。然而就大多数言之，这般臣仆所得到的好处不过是与他们个人的幸运相当，但是他们为那点好处付出代价的弊害却就与他们的君主的祸福相当了。因为他们揣摩的动机就在如何逢迎主人而肥己身；为了这两者之中的任何一项，他们都会弃主人的事务之利益而不顾的。但是尤可注意者，是那些“爱自己甚于任何旁人的人”（如西塞罗论庞培之言）往往是不幸的。结局是他们变为祸福之神的变化无常的牺牲品；而他们从前还一直以为自己的善于谋身已经把祸福之神的翅翼缚住了。

私欲过盛之人，没人愿与之共事，因而永远难成大器。世间小人，个个蝇营狗苟，皆私欲所惑也；而世间君子，皆坦坦荡荡，能克己私欲而走向成功。

【私欲之火最终灼伤你自己】

从前，有两位很要好的年轻人，他们非常崇拜花果山的猴王，决定一起到遥远的花果山去朝拜。两人背上行囊、风尘仆仆地上路，誓言不达花果山，绝不还家。

两位年轻人历尽艰辛，风餐露宿，走了两个多月后，还未到达花果山。但他们决心要朝拜猴王的消息，早已传到了猴王的耳朵里，年迈的猴王十分感动，便决意亲自上路去迎接他们，顺便想看看他们到底心地有多圣洁，对朝拜自己到底有多虔诚。于是，猴王变成一位白发老者上路了。

这天，两位年轻人边走边向路人表白自己是如何的虔诚时，发现前面来了一位白发老者，便连忙上前招呼，当老者知道他们的去向后，高兴地说："真是有缘啊，我要与你们去的地方同一个方向，一路上我们可以为伴，旅途就不寂寞了，并且大家可以相互照应。"

一路上，两位年轻人与白发老者相处得很融洽。一日，白发老者见快到花果山了，心想对他们的考验也该开始了。于是便停下脚步说："亲爱的孩子们，从这里到花果山还有三天的路程，但是很遗憾，我在这个十字路口就要和你们分手了。在分手前，我要送给你们一个礼物。就是你们当中一个人先许愿，他的愿望一定会马上实现；而第二个人，就可以得到那愿望的两倍！"

此时，其中一位年轻人心里一想：这太棒了，我已经知道我想要许什么愿，但我不要先讲，因为如果我先许愿，我就吃亏了，他就可以有双倍的礼物！不行！而另外一位年轻人也自忖：我怎么可以先讲，让我的朋友获得加倍的礼物呢？

于是，两位年轻人就开始客气起来："你先讲嘛！""你比较年长，你先许愿吧！""不，应该你先许愿！"两位年轻人彼此推来推去，"客套地"推辞一番后，两人就开始不耐烦起来，气氛也变了："你干吗！你先讲啊！""为什么我先讲？"

两人互相推让到最后，其中一人生气了，大声说道："喂，你真是个不识相、不知好歹的人，你再不许愿的话，我就把你的狗腿打断、把你掐死！"

另外一人一听，没有想到他的朋友居然变脸，竟然来恐吓自己。于是想：你这么无情无义，我也不必对你太客气。我没办法得到的东西，你也休想得到！于是，这一年轻人干脆把心一横，狠心地说道："好，我先许愿！我希望——我的一只胳膊——断掉！"

很快地，这位年轻人的一只胳膊马上断掉，而与他同行的好朋友，两只胳膊也立刻都断掉了！

私欲是一切生物的共性，所不同的是其他生物的私欲是有限的，人的私欲却是无限的。正因为如此，人的不合理的私欲必须要受到社会公理、道义、法律的制约，否则这个社会就不是正常的社会。否则，像故事中的那两个年轻人在私欲面前变得丧心病狂，自己亲手毁掉了自己的幸福。

要求人一点私欲都没有是一种办不到的理想：我们总是在做我们内心想做的事情。从这个角度说，每个人都是自私的，但自私并不都那么可怕，可怕的是私欲太盛，利令智昏，时时处处以自己为中心，以损公肥私和损人利己为乐事，一切围着自己想问题，一切围着自己办事情，在满足其一己之私的过程中，不惜损害公益事业，不惜妨害他人利益。这样的人谁不怕？怕的时间长了，也就如同瘟疫一样，人们避之唯恐不及；怕的人多了，也就如过街老鼠一样，人人见之喊打。这样的人即便是比别人多捞取了一些利益，也不会获得真正意义上的幸福。如果说，他们也侈谈什么成功，充其量不过是鸡鸣狗盗的成功，没有任何值得骄傲和自豪的。

“点燃别人的房子，煮熟自己的鸡蛋。”英国的这句俗话，形象地揭示了那些妨害他人利益的自私行为。而这样的人，等待他们的只有自酿的苦果。

【生命中不能承受之重】

印第安人酋长对他的臣民们说：“上帝给了每个人一杯水，于是，你从里面饮入了生活。”

生活确实就是一杯水，杯子的华丽与否显示不了一个人的贫与富。但杯子里的水，清澈透明，无色无味，对任何人都一样，接下来你有权利加盐，加糖，只要你喜欢。

这是你的生活权利，没有人能剥夺。

你有欲望，不停地往杯子里加水，或者加糖，但必须适可而止，因为杯子的容量有限。

啜饮的时候，你要慢慢地体味，因为你只有一杯水，水喝完了，杯子便空了。

生活当中，该有多少人为了让自己的这杯水色香味俱佳而无谓地往里面加着各种各样的佐料，诸如爱情、友情、金钱、喜、怒、哀、乐等等，所以他们都感到活得非常“累”。然而，却有许多人都在自愿地承担着这种重量，各式各样的诱惑接踵而至，欲望的雪球越滚越大，最终这无法承受之重把每个人压垮，使整个社会陷入混乱。

有一只狐狸，看围墙里有一株葡萄，枝上结满了诱人的葡萄。狐狸馋涎欲滴，它四处寻找进口，终于发现一个小洞，可是洞太小了，它的身体无法进入。于是，它在围墙外绝食六天，饿瘦了自己，终于穿过了小洞，幸福地吃上了葡萄。可是后来它又发现，吃得饱饱的身体无法钻到围墙外，于是，又绝食六天，再次饿瘦了身体。结果，回到围墙外的狐狸仍旧是原来那只狐狸。

生活中，有多少人也像这只钻进钻出的狐狸，为了自己心中的“葡萄”透支着自己的身体与精力，最后终于因这串葡萄而失去了人生的整个田野。

在人的一生中，有些重量是你心甘情愿要承受的，比如爱情、亲情，有些重量是你不得不要承受的，比如责任、义务，而有些重量则是你无论如何都不能承受的，比如私欲。人活着应该让别人因为你活着而得到益处，而不是只为了满足自己的私欲，每当你往欲望的篓子里多扔一块小石子，你的脊背就不得不因此弯曲一次，最终欲望的重量让你只能匍匐于地，过完庸俗的甚至可鄙的一生，私欲就成了你唯一能为自己写下的墓志铭。

提防嫉妒

嫉妒是来自地狱的一块嘶嘶作响的灼煤，它像一条蛆虫，蛀蚀和毁害着他人和自己。

但芸芸众生中，总有那么一些人技不如人，却对别人的成绩嗤之以鼻，“妒人之能，幸人之失”，从而上演了一场场丑陋的嫉妒闹剧。在现实生活中，为了别人评上了比自己高的职称而指桑骂槐、为了某人得到领导的厚爱而愤愤不平、为了别人的生活条件比自己好而郁郁寡欢的也大有人在，给本已不太平静的生活平添了几多烦恼和些许纷扰。

好嫉妒是人的天性。自古以来，有不少关于嫉妒的记载与描述。在古希腊、罗马的神话中，男性的和女性的神或英雄多有嫉妒的品性。在男子占统治地位的社会里，人们往往把嫉妒看成女人的特有心理特征，在汉字里，“嫉妒”二字皆用“女”字作偏旁，也是一证。我国明代人谢肇淛写过一部笔记小说，叫作《五杂俎》，其中汇集了从古代到明代包括皇后和民女在内的上百个以嫉妒闻名的女性。公元5世纪时，南朝宋明帝刘彧为惩治妒妇，曾命人写过一本《妒妇记》。在西方，《圣经》里，主要描述了妒女。莎士比亚的《驯悍记》，也着重描绘了女性的嫉妒。其实，嫉妒并不限于女性，男性也嫉妒。如果说女性的嫉妒主要限于性爱，男性的嫉妒则远远超出性爱，且更深沉更猛烈。《圣经》中也描述了上帝对人类的嫉妒。夏娃和亚当偷吃了伊

> 过去就具有某些伟大品质的人的最可靠标志是生来就没有嫉妒。
>
> ——（法）拉罗什富科

甸园的智慧果后，上帝将他们赶出伊甸园；人类建造能通天的巴比伦塔，上帝则变乱他们的语言使之半途而废，都是起于对人类的智慧和创造能力的嫉妒，害怕人类超过他、动摇他的至高无上的权力。很喜爱艺术的古罗马皇帝埃追安（亦译阿提安）就非常妒恨诗人、画家与巧匠，因为这些人在艺术方面超过了他。中国古代惠施当了宰相后也嫉妒在才学上超过他的庄子。

既然连上帝都无法不嫉妒，每个凡人更难免不嫉妒，但是杰出的人往往能用理性去抑制嫉妒，在难免产生嫉妒的地方，用它去刺激自己的努力而不是阻挠对方的努力，但是那些被嫉妒之火所燃烧而迷乱理智的人，往往会被内心这种疯狂的激情所消耗掉，使他人和自己两败俱伤。

【嫉妒会摧残自己的健康】

《三国演义》中，有位英才盖世、文武双全的大英雄叫周瑜。这位当时很了不起的风度翩翩的美男子，年纪轻轻就执掌江东（吴国）的统兵大都督要职。尤其他在赤壁大战中，更显出叱咤风云，谋略过人，指挥得当的政治军事才能，以少量东吴和刘备之师，取得大破曹操83万大军的辉煌胜利，名垂千古。据说，周瑜能征善战，运筹帷幄决胜千里，文韬武略堪称上乘，还熟谙音律。有传闻说他听音乐演奏时，若谁奏错一个音符，他便即刻能耳辨明详。为此，有“曲有误，周郎顾”之说。当后人对周瑜其人的褒奖盛赞之际，人们也同时看到了这位英才早逝者的两大致命弱点，那就是他的量窄和嫉才。

周瑜一生度量太窄，人人皆知。比如，在取得火烧赤壁大战成功后，竟容不下与他共同抗曹的诸葛亮的存在，并密令部将丁奉、徐盛击杀诸葛亮。不料孔明早有准备，密杀不成。为此，周瑜万分气愤。如此不能容人的周瑜，密除同盟，过河拆桥，实在让人心寒并为之可悲。

周瑜为什么容不下诸葛亮？原来，足智多谋的诸葛亮处处高周瑜一筹，尤其在关键时刻，事事想在周瑜之前，且能将周瑜内心活动看得入骨三分。唯其如此，才使得量窄、嫉才的周瑜妒忌得寝食难安，并随时想除掉才智高于自己的诸葛亮。而孔明总先于周瑜谋害前就有了防备，这更使量窄、嫉才的周瑜一次比一次气懋于心。嫉才，欲加害孔明的结果，反把周瑜自己给活活“气死”。

有道是："人之将死，其言也善。"可周瑜在临死之前，非但未能悔悟自己的致命弱点，反而含恨仰天长叹，曰："既生瑜，何生亮？"连叫数声而亡。

一代英雄就这样自掘坟墓，害人而最终害己。莎士比亚曾经说过："像空气一样轻的小事，对于一个嫉妒的人，也会变成天书一样坚强的确证；也许这就可以引起一场是非"，一旦你被嫉妒的毒蛇所缠上，那么生活中就会有太多的事引起你的不平和愤恨，别人衣着比你的光鲜，你会愤愤不平；别人比你多和上司说了一句话，你会郁闷一整天；别人的男朋友比你的帅，你会恼怒不止……日常生活中每一件事都有可能成为你心情烦躁的源泉，你会终日饱受嫉妒的折磨，最后被它灼伤。

【嫉妒使你失去自我、自毁前程】

嫉妒往往来源于和他人的比较中，一旦认为他人在某方面比自己强，便会时刻想着如何打击、诋毁他人，这样的人不可能埋头沉入自己的事业，而是把所有的精力都放在关注他人的一举一动上，那个被他所嫉妒的对象就像一个长在他心头的刺，这个刺成了他生活的中心，他因此而意乱神迷、无法掌控自己的人生方向。

王松是某大学社会学专业大三的学生，他是以优异的成绩考入这所名牌大学的。刚上大学时，他与班上同学的关系非常融洽，这当然与他的热情大方、乐于助人的性格分不开。同学们都喜欢朴素、热情的他。

可慢慢地，他产生了严重的不平衡心理。只要别的同学哪方面比他强，他就眼红；只要老师在同学面前表扬别的同学，他心里就酸溜溜的；他看见别的同学家境很好，不用勤工俭学就能过上很宽裕的生活，他心里就特别不平衡，他时常怨恨自己没有生在一个富裕的家庭；他看见别的同学得了奖学金或被评为"三好学生"，他就嫉妒得夜里辗转反侧，暗暗埋怨上天的不公。

王松尤其看不惯与他来自同一所高中的一位老乡同学。原来两个人在高中各方面都不相上下，上大学后，老乡同学的成绩越来越好，而且被选为班干部，他就更加妒火中烧了。于是他的注意力不在读书学习上，而是时刻注视着老乡的一举一动，妄图从中抓住把柄，他开始到处给那位老乡同学散布流言蜚语，造谣中伤，大家都开始讨厌他。他为了争口气，把老乡同学比下去，在竞选班干部时竟然不知羞耻地在下面做小动作、拉选票，结果他的阴谋被同学们识破，投票时只有他自己投了自己一票，搞得十分狼狈。一计不成他又生一计，在期末考试中，他知道凭自己的水平是拿不了高分的，于是，他就采用夹带纸条的方式作弊。在最先的两门考试中，他的计谋得逞了。正当他自鸣得意、觉得胜利在望时，在第三门考试中被监考老师抓个正着。老师说："我早就注意你了，以为你会有所收敛，没想到你一而再、再而三地作弊。我再也不能容忍你的作弊行为了。"王松当下便痛哭流涕地求监考老师手下留情，可是学校的制度是无情的，王松的名字上了作弊的名单。当天，学校教务处就做出了开除其学籍的处分决定。

王松没想到自己的大学生活会是以被开除告终。他觉得无颜面对自己的父母。于是，他一个人背着简单的行囊去了另外一个陌生的城市，开始了流浪生涯。

法国作家拉罗什富科曾说："过来就具有某些伟大品质的人的最可靠标志是生来就没有嫉妒。"每一个埋头沉入自己事业的人，是没有工夫去嫉妒别人的，而凡是好嫉妒的人常常不能把精力集中到自己的生活中，而是投入到一些与自己的生活与工作无关紧要的小事中：比如这个人的生活作风啦，比如这个人的学识啦，比如这个人的穿衣戴帽啦，甚至这个人脸上的几颗雀斑、头上的一根白发，一旦被这些人发现了，他们也会为此而兴奋不已，并且会故作惊讶地议论纷纷：哈哈，原来他也不过如此呀！原来他…… 嫉妒的人是在不断地对别人的打击中寻找乐趣，以求内心平衡，而他们自己的生活却因此而搞得一团糟。正如古希腊哲学家德谟克利特所说："嫉妒的人常自寻烦恼，这是他自己的敌人。"与其说是别人的成功妨碍了他，倒不如说是他自己的关注点发生了偏离，自愿从生活轨道上滑落而自毁前程。

【如何祛除嫉妒的毒瘤】

罗素在谈到嫉妒时曾说："嫉妒虽是一种罪恶，它的作用尽管可怕，但并非完全是一个恶魔。它的一部分是一种英雄式的痛苦的表现；人们在黑夜里盲目地摸索，也许走向一个更好的归宿，也许只是走向死亡与毁灭。要摆脱这种绝望，寻找康庄大道，文明人必须像他已经扩展了他的大脑一样，扩展他的心胸。他必须学会超越自我，在超越自我的过程中，学得像宇宙万物那样逍遥自在。”化解嫉妒心理祛除这颗毒瘤的良方是：

1. 自我认知，客观评价自己和他人

要正确地认识自我，评价别人。“金无足赤，人无完人”。一个人限于主客观的条件，不可能万事皆通，样样比别人好，时时走在别人前面。要接纳自己，认识自己的优点与长处，也要正确地评价、理解和欣赏别人。在因为嫉妒心理而给自己的精神带来一些烦恼与不安时，不妨冷静地分析一下嫉妒的不良作用，同时正确地评价一下自己，从而找出一定的差距，做到“自知之明”。只有正确地认识了自己，才能正确地认识别人，嫉妒的锋芒就会在正确的认识中钝化。

2. 开阔心胸，宽厚待人

19 世纪初，肖邦从波兰流亡到巴黎。当时匈牙利钢琴家李斯特已蜚声乐坛,而肖邦还是一个默默无闻的小人物。然而李斯特对肖邦的才华却深为赞赏。怎样才能使肖邦在观众面前赢得声誉呢？李斯特想了个妙法：那时候在演奏钢琴时，往往要把剧场的灯熄灭，一片黑暗，以便使观众能够聚精会神地听演奏。李斯特坐在钢琴面前，当灯一灭，就悄悄地让肖邦过来代替自己演奏。观众被美妙的钢琴演奏征服了。演奏完毕，灯亮了。人们既为出现了这位钢琴演奏的新星而高兴，又对李斯特推荐新秀深表钦佩。

3. 学会正确的比较方法

一般说来，嫉妒心理较多地产生于原来水平大致相同、彼此又有许多联系的人之间。特别是看到那些自认为原先不如自己的人都冒了尖，于是嫉妒心油然而生。因此，要想消除嫉妒心理，就必须学会运用正确的比较方法，辩证地看待自己和别人。要善于发现和学习对方的长处，纠正和克服自己的短处。而不是以自己之长比别人之短。这样，嫉妒心也就不那么强烈了。

4. 充实自己的生活

寻找新的自我价值，使原先不能满足的欲望得到补偿

当别人超过自己而处于优越地位时，你若是聪明者就应当扬长避短，寻

找和开拓有利于充分发挥自身潜能的新领域，以便能“失之东隅，收之桑榆”。这会在一定程度上补偿先前没满足的欲望，缩小与嫉妒对象的差距，从而达到减弱以至消除嫉妒心理的目的。例如，某人虽无真才实学，却善于钻营，官运亨通，成为你的上司。对此，你大可不必猝发妒情，而应发挥自己的专长，在业务上刻苦钻研，精益求精，同样可以令别人刮目相看。

5. 升华嫉妒，化嫉妒为动力

不管是在学校，还是在工作单位，每个人都要在具有竞争的环境中客观地对待自己。不要把比自己优秀的同学或同事当成与自己有竞争关系的对手，要当成自己前进的动力。学会赞美别人，把别人的成就看作是对社会的贡献，而不是对自己权利的剥夺或地位的威胁，将别人的成功当成一道美丽的风景来欣赏，你在各方面将会达到一个更高的境界。

总之，如同钢铁被铁锈腐蚀一样，人很容易被嫉妒折磨得遍体鳞伤，我们要时刻提防它对我们心灵的腐蚀，远离它，从而获得内心的自由与超脱。

扫码获取更多资源

以平静心态面对谣言

提起谣言，每个人都会情不自禁地打个寒战，的确，谣言的传播速度甚至可以和光速媲美，甚至夸张点说，应该是有过之而无不及。

生活的不经意间，你可能突然陷入流言蜚语中。你愤怒、无助、孤独，但甚至可能连对手都找不到。这时候，不管你以什么姿态面对它都要谨记一点：没有流言能真正中伤你，只看你自己怎样对待。

其实，有人群的地方就有流言；有相信流言的，就有散播流言人的用武之地。所以，与其说流言是由人捏造出来的，不如说是由人“信”出来的。信“流言”的坏处是：原本要好的一对反目成仇；原来并没有什么关系的人恶语相向。而不听“流言”的好处就是耳根清净、心情舒畅。

心情舒畅可以笑口常开，笑口常开就容易受人欢迎。我们都希望自己成为受人欢迎的人。我们总是祝福亲朋好友心情愉快、身体健康、美丽依旧，可是我们为什么还要去相信传播“流言”的人，或者还要传播使亲朋好友听了生气、影响健康、妨碍美丽的“流言蜚语”呢？

> 如果证明我是对的，那么人家怎么说我就无关紧要；如果证明我是错的，那么即使花十倍的力气来说我是对的，也没什么用。
>
> ——（美）林肯

俗话说：流言止于智者，真正有智慧的人是不会被流言中伤的。

所以我们要做生活中的智者。

智者首先要做的就是不要介入谣言的圈子。你所在的圈子很有限，任何的闲言碎语迟早会传到对方那里。

其次，如果你真的得知了别人的秘密，千万不能对其他任何人讲。没有人会真的替你保守秘密。要明白，保守了别人一个秘密，你就少了一次受伤害的可能，多了一次受别人赏识的机会。

第三，如果自己被谣言的利刃刺中，一定要保持冷静，区别对待。与工作有关的谣言，可以在一定的场合里当众予以澄清。与个人有关的，最好不予理睬，因为你无法解释清楚。不予理睬是最好的办法，泰然处之，光明磊落，任何谣言都会随风而去。

【把谣言当成良言】

生活中总有一些背后议论别人是非的。尽管当面坦率地提出意见是最好的方法，但因为这些人胆小怕事，又天生好事，他们还不敢于直接说出自己的想法，就只好暗里飞短流长起来。

生活中还有一些人顾虑重重，即使是出于好意的忠告，也会因为怕伤感情而不敢多说太多，尤其上司和下属间的关系更是如此。

有些人在离开公司到酒家、咖啡馆后，就开始对上司大肆批评，以发泄自己心中的不平。让人惊讶的是，这些话很快就传到上司的耳中。

如果这时候他马上去追查造谣的人，或对自己被恶意中伤愤恨不平的话，那么未免也太感情用事了。因为往往谣言在传到当事者耳中之前，都已经遭到扭曲，有时无辜的人也会遭到牵累，所以要找出“元凶”实在不容易。不过“谣言”的内容，很多是一针见血地说中了当事者的要害。例如，待人亲切的人，有时会让人觉得“爱管闲事”“唠叨”；而做事干脆的人，则被认为是“刚愎自用”“冷血动物”。

我们可以从镜子看到自己的身材、表情，但“谣言”却是一面让我们发现自己的缺点、了解自己个性的“心境”。

当我们急着找出造谣者，而且又发现其实是一场误会时，不妨和对方面对面把话说清楚。但也有可能因为对方的个性、理解力等因素，而使误会更深，所以在和对方交谈之前，要对对方有初步的了解。

通常“造谣”的人多半是胆小、个性内向的人，因为他们不敢和当事者恶言相向，所以只好在背地里放冷箭。直接告诉这种人，已发现是他在造谣，只会让对方更怯懦，不敢说真心话。这时候就要用一点技巧，不要直接触及“谣言”的内容，聊些其他的话题。当然，除此之外还有其他方法。

虽然“谣言”很可怕，但它却是一个能让自己知道缺点的方法。因为它毕竟代表了一些人的部分真实想法。

所以，面对“谣言”的侵袭时，不要惊慌，不要愤怒，不要无助，只需用一颗平静的心去对待它就可以了，相信你的平静的背后就是流言的灰飞烟灭。

【是非天天有，不听自然无】

俗话说，哪个人前不说人，谁人背后不被说，所以当谣言已经发展到黑白不分时，就沉默吧！

越讲只会是越描越黑，更增加人家“黑白讲”的资料而已，已经浑浊的水，何必再费力去搅呢？越搅只是越黑而已，越是费劲就越是难以澄清。

林肯说：“如果证明我是对的，那么人家怎么说我就无关紧要；如果证明我是错的，那么即使花十倍的力气来说我是对的，也没有什么用。”

如果你曾注意过别人的流言是多么的随意，你便不会太在意。说过的话，也许他人早忘了，只有自己，因为一句没有根据的随性批评，而耿耿于怀，是很得不偿失的事。

闲谈莫说人是非，但是，没有一个人能够在一生中没曾说过人家的是非。对于说是非的坏处，大家可能耳熟能详：损害人家名誉、破坏大家的感情、令人对被说是非者产生不信任态度等。

不过，流言蜚语也有它的正面价值，它可以增进我们跟身旁人的感情，亦可以把小圈子文化传递给每一个圈内人。

流言可以制造小圈子——若小圈子成员让你加入参与诉说张家长李家短的活动，聆听你所提供的资料，这表示他们已接纳你，容许你成为他们的一分子。若他们在你面前窃窃私语，或立刻转换话题的话，这可能表示你不是他们的圈中人。因此，流言可以说是增进小圈子成员间的联系和亲密感的方法。

流言是一种道德文化的教育——这是一个令人摸不着头脑的概念，但通过一些实例便可明白个中道理。例如，听邻居们说："你看五楼那个住客，他总是把垃圾袋口打开，令垃圾满地皆是……"

听了这话，我们知道若想在这社区中被邻居接纳，便万万不能犯上同样的错误。于是这种流言自然地成了传递社会规范的工具，把那些被接纳和遭抗拒的行为一一列举在我们面前。

流言是协助新人融入圈子的捷径——如果你刚来到一家公司工作，你第一想知道的便是谁是要防避的人、谁是有求必应乐于助人者、谁是办公室色狼、谁是幕后黑手、真正掌权者是谁等办公室政治。然而这些绝不是在官方的迎新交接活动中或工作守则中可以知道的，而最快最有效的方法，便是靠茶余饭后的闲话家常来做补充，令我们得以知己知彼，及早掌握工作中的政治和生存要诀。

有人认为说闲话是女性专长，但学者指出，男性与女性同样地爱说闲话，但是内容有所不同。

女性爱谈及她们身旁最亲密的人，所以伴侣、家人、朋友、邻居的近况往往是流言的主题，而男性则爱把他们所不熟悉的人作为流言蜚语的对象，如政客、公众人物、公司里的同事等。表面看来，男性所说的话杀伤力好像不及女性，但实际上，却非如此。

把身旁人的是非拿来谈，起码是出于亲身所见所闻，较有事实根据，但是，把陌生人的故事作谈话对象，极可能是道听途说，再加上为增加趣味而略作渲染，在这种情况下，杀伤力绝对不弱！

另外，学者又发现男女的说闲话对象都是以同性为主，而女性说异性闲话时多数是谈自己有好感的男性，而男性则甚少谈及自己心仪的女性。这正好说明了一个事实，人类飞短流长的行为，不一定是恶意破坏对方的名誉形象，而是表示一种关注留意，甚至是对这些闲话对象感到好奇和寻求深入了解的行为。

在这种交换情报资料的说闲话过程中，那个对象变得栩栩如生，好像我们已进入他（她）的内心世界和生活中，于是在不知不觉间，流言竟令我们觉得跟对方变得好像很稔熟似的！

面对流言最好的方法，就是“浊者自浊，清者自清”，自有论断，“让别人去说吧，我决不计较”。

【如何应对背后说你坏话的人】

俗话说，人无千日好，花无百日红。人与人之间相处，贵在真真实实，平平淡淡。

对于那些搬弄是非的人，我们历来认为：“来说是非者，就是是非人。”无数事实证明，那些善于搬弄是非的人，几乎都是成事不足、败事有余的人。若真的有协调能力，有公关水平，有让人敬慕的人格力量，就不可能去搬弄是非。归根结底，搬弄是非是软弱无能的表现，是在人与人之间玩弄的一种“小伎俩”，任何时候也登不了大雅之堂。

当你有天发现竟然有人在你背后四处说你坏话，暗中破坏你的形象，你该怎么办？千万不要因为一时气不过，就怒气冲冲地找对方理论。

先稳定好自己的情绪，然后以平静的心态一步步地化解难题：

第一步，检讨自己。你应该想想，自己是不是做了些什么事、说过什么话，让对方看你不顺眼。如果不明就里地就去找对方兴师问罪，只会让对方看你更不顺眼。

第二步，问清楚原因。你可以问：“我不知道发生了什么事，是否可以告诉我是什么问题。”如果对方什么话也不愿意说，干脆直截了当地跟对方说：“我知道你对我似乎有些不满，我认为我们有必要把话说清楚。”

第三步，委婉地警告。如果对方不肯承认他曾经对别人说过不利于你的话，你也不必戳破对方，只要跟对方说：“我想可能是我误会了。不过，如果你觉得我有什么问题，希望你能直接告诉我。”你的目的只是让对方知道：你绝对不会坐视不管。

第四步，向老板报告。当类似的事情第二次发生时，你可以明白地告诉对方：“如果我们两人无法解决问题，就有必要让老板知道这件事情。”如果事情仍未获得解决，就直接向老板报告。当然，不是所有的情况都必须向老板报告。如果对方只是对你的穿衣品位有些挑剔，就让他说去吧，这并不会影响你的工作或是你和同事之间的关系。

同事之间应该豁达大度，应该相互容忍，相互谅解，而不要动不动就怨恨对方，人为地制造紧张。因此，当听到某一同事谈论对另一同事的不满时，切记不要搬弄是非或者雪上加霜。

明智的办法是充当调解人,在互有成见的同事之间多做一些“黏合”和“调和”的工作。隐去双方过激的不友好的话，而说一些能起到缓解矛盾和融洽关系的话。要启发双方多想别人的长处,多找自己的不足,不要纠缠细枝末节,不对已经过去的事情耿耿于怀。只要真心诚意地维护同事之间的团结，并不厌其烦地做好工作，互有成见的同事就一定会尽弃前嫌，和好如初。这种境界和愉悦是搬弄是非的人所无法理解的。

他人失意之时勿谈你的得意

人毕竟是人，是人都有人性。生活也毕竟是生活，是生活都有波折。所以，人活着难免有得意和失意之时，但是，面对失意的人，你千万别说自己的得意事，更不要在因为失落而情绪低迷的人面前显示你的优越。

一个懂得做人的人，都知道，当自己的人生处于得意之时，千万别将得意之色在那些此时正处于人生低谷的人面前显露。这样你才能不会伤人，也不会被伤。反之当把自己的深意展现无余时，就会招来别人的怨恨。为什么？因为你拿自己的成功，对比了他的失败，最起码，他会认为，他输给了你。

所以当别人夫妻失和，跟你诉苦，你与其大发宏论，教他夫妻相处之道，不如说："其实，家家如此，你看我和我的另一半，现在好像很恩爱，其实，我们以前也常吵架，甚至曾想过要离婚呢！"

> 如果你要得到仇人，就表现得比你的朋友优越吧；如果你要得到朋友，要让你的朋友表现得比你优势。
>
> ——（法）罗西法古

这样，她就会在心中想，她比你当年还要强很多，以后至少应该会跟你一样好。

别人事业失败，跟你诉苦，你与其以成功者的姿态来指导事业通畅之道，不如告诉他，你当年跌得比他更惨，现在的辉煌是一点一点又做起来的。

这样，他也会想，他也能东山再起，和你一样成功。

谁的婚姻都有过失和，谁的事业都有过失利，你和他不是因此而有了共同意识，在感觉上走得更近了吗？所以在他人遇到生活的低谷时，你千万不要将自己的成就摆出来炫耀，不要太过张扬。否则，你最终在交往中使自己孤立无援，甚至引起别人的厌烦，渐渐与你疏远。所以学会避谈自己得意，善待他人失意才是你真正要懂得的人生经验。

【得意别挂在嘴边】

生活中，确实有些人认为自己总会比别人技高一筹，事事比人强。这样，他们就总喜欢把得意挂在嘴上，逢人便夸耀自己如何如何能干，如何如何富有，完全不顾及别人的感受，甚至没有顾及当时的听者是不是一个正处于人生低迷期的人，他们夸夸其谈后总以为就能够得到别人的敬佩与欣赏。而事实上，别人并不愿意听你的得意之事，自我炫耀效果往往是适得其反。

王昭的母亲就是一个喜欢炫耀的人，不论谁到她家去，椅子还没有坐热，他母亲就把她家值得炫耀的事情一件一件地向你说，说话的表情还是一副十分得意的样子。王昭一个同学的父亲下岗了，经济上有点紧张，他母亲知道了，非但没有安慰人家，反而对这位同学的父亲说："我家老头子每月工资3000元，我们家花也花不完。"她女儿给她买了一件漂亮的衣服，因为很值钱，她就跑到人家那里去炫耀："这是我女儿在上海给我买的衣服，猜一猜多少钱？1800元。"说完一副很得意的表情，意思是：怎么样，买不起吧。就因为她的这个毛病，现在到她家里去的客人越来越少，因为没有人愿意听她的长篇大论，充当她炫耀自己的陪衬。

在别人面前一定要多一点谦虚，少一点炫耀，尤其不能在失意者面前炫耀你的得意，因为你的得意往往会衬托出别人的倒霉，甚至会让对方认为你炫耀自己的得意之事便是嘲笑他的无能，让他产生一种被比下去的感觉，让失意的人更加恼火，甚至讨厌你。

一次，李仁约了几个朋友来家里吃饭，这些朋友彼此都是熟识的。李仁把他们聚拢来主要是想借着热闹的气氛，让一位目前正陷入低潮的朋友心情好一些。

这位朋友不久前因经营不善，关闭了一家公司，妻子也因为不堪生活的压力，正与他谈离婚的事，内外交困，他实在痛苦极了。

来吃饭的朋友都知道这位朋友目前的遭遇，大家都避免去谈与事业有关的事，可是其中一位朋友因为目前赚了很多钱，酒一下肚，忍不住就开始谈他的赚钱本领和花钱功夫，那种得意的神情，连李仁看了都有些不舒服。那位失意的朋友低头不语，脸色非常难看，一会儿去上厕所，一会儿去洗脸，后来他提早离开了。李仁送他出去，在巷口，他愤愤地说："老吴会赚钱也不必在我面前说得那么神气。"

李仁了解他的心情，因为在多年前他也碰过低潮，而当时正风光的亲戚在他面前炫耀他的薪水、年终奖金，那种感受，就如同把针一支支插在心上那般，说不出的苦楚。

在朋友面前，千万不要炫耀自己的得意，没人愿听这样的消息，如果你只顾炫耀自己的得意事，对方就会疏远你，于是你不知不觉中就失去一个朋友。

聪明的人会将自己的得意放在心里，而不是放在嘴上，更不会把它当作炫耀的资本。当你和朋友交谈时，最好多谈他关心和得意的事，这样可以赢得对方的好感和认同，从而加深你们之间的感情。

有一个人刚调到市人事局的那段日子里，几乎在同事中连一个朋友也没有，他自己也搞不清是什么原因。

原来，这个人认为自己正春风得意，对自己的机遇和才能满意得不得了，几乎每天都使劲向同事们炫耀他在工作中的成绩，炫耀每天有多少人找他请求帮忙，那个几乎说不出名字的人昨天又硬是给他送了礼等等的"得意事"。但同事们听了之后不仅没有人分享他的"得意"，而且还极不高兴。

后来，还是他当了多年领导的老父亲一语点破，他才意识到自己的症结到底在哪里。以后，当他有时间与同事闲聊的时候，他总是让对方把自己的得意炫耀出来，与其分享，久而久之，他的同事们都成了他的好朋友。

生活中，与人相处，一定要谨记——不要在失意者面前谈论你的得意。

诚然得意之时，难免有张扬的欲望。但是要谈论你的得意时要看场合和对象，你可以在演说的公开场合谈，对你的员工谈，享受他们投给你的钦羡目光，更可以对你的家人谈，让他们以你为荣，但就是不要对失意的人谈，因为失意的人最脆弱，也最敏感，你的谈论在他听来都充满了讽刺与嘲讽的味道，让失意的人感受到你"看不起"他。当然有些人不在乎，你说你的，他听他的，但这么豪放的人不太多。因此你所谈论的得意，对大部分失意的人是一种伤害，这种滋味也只有尝过的人才知道。

一般来说，失意的人较少攻击性，郁郁寡欢是最普通的心态，但别以为他们只是如此。听你谈论了你的得意后，他们普遍会有一种心理——怀恨。这是一种转移到心底深处的对你的不满的反击，你说得口沫横飞，不知不觉已在失意者心中埋下一颗炸弹，多划不来啊。

失意者对你的怀恨不会立即显现出来，因为他无力显现，但他会通过各种方式来泄恨，例如说你坏话、扯你后腿、故意与你为敌，主要目的则是——看你得意到几时，而最明显的则是疏远你，避免和你碰面，以免再见到你，于是你不知不觉又失去了一个朋友。

随意自夸是不善做人者的通病，为此常会败事。只有改变这一点，才有可能真正被人接纳，而不是被人讨厌，找到成事的“切入点”。

懂得感恩会获得更多的帮助

有一句古话说："驴子驮着一段贵重的沉香木，却根本不知道其价值；驴子所知道的只是背上驮着的东西很重。"我们很多人也是历经人生的波涛，却往往只感觉到生活的重负，而不知道人生所具有的宝贵性，倘若我们对生活养成感恩的态度，便会在心中创造出一块"良田"，使生活中美好的东西在其中生长，而且由于感恩的力量，美好的东西还会像受磁石吸引的铁那样，源源不断地被吸引到你身边来。

人们一想起史蒂芬·霍金，眼前就会浮现出这位科学大师那永远深邃的目光和宁静的笑容。世人推崇霍金，不仅仅因为他是智慧的英雄，更因为他还是一位人生的斗士。

> 感恩能导致施恩与宽恕，以及精神上的成熟。
>
> ——（英）坦普尔顿

有一次，在学术报告结束之际，一位年轻的女记者捷足跃上讲坛，面对这位已在轮椅上生活了30余年的科学巨匠，深深敬仰之余，又不无悲悯地问："霍金先生，卢枷雷病已将你永远固定在轮椅上，你不认为命运让你失去太多了吗？"

这个问题显然有些突兀和尖锐，报告厅内顿时鸦雀无声，一片静谧。

霍金的脸庞却依然充满恬静的微笑，他用还能活动的手指，艰难地叩击键盘，于是，随着合成器发出的标准伦敦音，宽大的投影屏上缓慢而醒目地显示出如下一段文字：

我的手指还能活动，

我的大脑还能思维；

我有终生追求的理想，

有我爱和爱我的亲人和朋友；

对了，我还有一颗感恩的心……

生活就是这样，你对它笑，它也对你笑；你对它哭，它会对你哭。只要有了一颗感恩的心，你就会受益终身。这样你会觉得你所拥有的就是最好的，不在乎你的得失与成败，在你的眼中只有欢乐，没有忧伤和不幸，这才是人生所能达到的最高境界。心存一颗感恩的心，即使在生命僵死之处，也会有清泉涌出。

【懂得感恩能给你带来好运道，摆脱不幸的阴影】

一般地讲，感恩使我们的注意力集中在上帝庇佑我们的好运道上。这对我们来说是很有益处的，正如某位无名氏曾经说过的："感恩带来好想法，好想法最终会带来好运道。"感恩的思想并非对生活中的客观事物作出简单的反应；它是对一种永存的实在的颂赞。这种"感激的态度"将为我们打开丰衣足食的生活之门。而且，当我们对感恩稍加深思，我们的意念就将集中在为我们带来好运道的那个永存的实在上。这种深思是在同我们内心的良知打交道，因而，我们可以从一个更高的水平上去看待事物。

1620 年，100 多位清教徒乘坐"五月花"号船到美国去寻求宗教自由。在寒冷的 11 月，他们在现在的马萨诸塞州的普利茅斯登陆。在第一个冬天里，他们受尽苦难，半数以上的移民死于饥饿和传染病，到春天来临时，只剩下 50 多人存活。善良的印第安人给移民们送来了生活必需品，还教他们怎样狩猎、捕鱼和种植。第二年他们获得了丰收。为了感谢上帝的恩典和印第安人的帮助，大家决定要选一个日子来感谢这一切。1789 年，华盛顿总统在就职声明中宣布感恩节为美国正式节日，1863 年美国总统林肯又宣布每年 11 月的最后一个星期四为感恩节，1941 年美国国会通过每年 11 月的第四个星期四为感恩节。于是，在美国，感恩节以法律的形式固定下来。

如果我们不是每年过一个感恩节即完事大吉，而是在一年中持续保持感恩的心态，那么，这就将成为我们创造更好生活的强大力量。在这个世界上，你所感恩的事情会越来越多，你所认为理所当然的事情会越来越少。感谢所有曾经帮助过你的人，感谢你身边所有的人。感激伤害你的人，因为他磨炼了你的心态。感激欺骗你的人，因为他增进了你的见识。感激鞭打你的人，因为他消除了你的惰性。感激遗弃你的人，因为他教导你要自立。你感激的事情越多，你在生活中得到的也就越多。

一次，美国前总统罗斯福家被盗，丢了许多东西，一位朋友闻讯后，忙写信安慰他，劝他不必太在意。

罗斯福给朋友写了一封回信："亲爱的朋友，谢谢你来信安慰我，我现在很平安，感谢上帝：因为第一，贼偷去的是我的东西，而没有伤害我的生命；第二，贼只偷去我部分东西，而不是全部；第三，最值得庆幸的是，做贼的是他，而不是我。"

当你遭到不幸的时候，感恩不纯粹是一种心理安慰，也不是对现实的逃避，它是强者歌唱生活的方式，它来自于对生活最深沉的爱与希望。

【感恩是快乐的源泉】

金钱、别墅、香车，能买回快乐吗？在人类的生活中，能为你带来源源不绝的快乐的是一颗感恩之心，因为感恩，所以能平静地面对人生的悲喜，因为感恩，所以知足；因为知足，所以能获得内心的愉悦。

以写《达到经济自由的9个步骤》一书而成名并致富的奥曼自己买得起劳力士手表和名牌服饰，开得起豪华跑车，也能够到私人小岛度假，却坦白承认她没有满足感，甚至有好友在旁她仍然感到寂寞。

奥曼说："我已经比我梦想的还要富裕，可是我还是感到悲伤、空虚和茫然。钱财居然不等于快乐！我真的不知道什么东西才能带来快乐。"

像奥曼那样，为钱奋斗了大半辈子才悟出"有钱不一定快乐"道理的人不在少数。她如果肯在圣诞假期当中静下心来读读普拉格的《快乐是严肃的题目》这本书，她会感悟出，感恩之心是快乐的秘诀。

普拉格的书中引述了一个观点，就是人之所以不快乐，就是因为人本身出了问题，把有问题的部分修理好就行了。根据他的看法，不知感恩是造成我们不快乐的一大原因。特别是在布施礼物的“快乐假期”里，他提醒做父母的应该好好教导孩子知道感恩与满足。他认为：“如果我们给孩子太多，让他们期望越来越大，就等于把他们快乐的能力给剥夺了。”他认为做父母、做长辈的有责任要求孩子们学会从心里说“谢谢”。

所有快乐的人都心怀感恩，不知感恩的人不会快乐，而你期望越多，感恩心就越少。在期望获得满足的一刹那，我们必须想到那绝不是必然的事，既然如此，感恩之心会增加我们的愉悦，也会使我们将来不至于不快乐。

犹太教和佛教都教人随时心怀感恩。犹太教徒凡事都要感谢上帝：为了盘中的食物、清晨醒来、休假，甚至见到美丽的彩虹，都有感激上帝的颂词。佛教徒“上报四重恩”（三宝恩、父母恩、国家恩和众生恩），当中的众生恩也类似犹太教的感恩范围，甚至更大。

【感恩是人际交往的润滑剂】

小李是一家电脑公司的编程员，一次在工作中遇到一个难题，他的同事主动过来帮助他，同事一句提醒的话使他茅塞顿开，很快就完成了工作。小李对同事表示了他的感谢，并请这位同事喝酒，他说：“我非常感谢你在编那个计算机程序上给我的帮助……”

从此，他们的关系，变得更近了，小李也因此在工作上获得了很大的成绩。

小李很有感触地说：“是一种感恩的心态改变了我的人生。我对周围的点滴关怀和帮助都怀抱强烈的感恩之情，我竭力要回报他们。结果，我不仅工作得更加愉快，所获帮助也更多，工作更出色，我很快获得了公司加薪升职的机会。”

心理学家认为，人与人之间存在“互酬互动效应”，即你如何对别人，别人也以同样的方式给予回报。道声“谢谢”，看似平常，可它却能引起人际关系的良性互动，成为交际成功的促进剂。

向别人表示你的感谢是一个积极有意义的举动。从你那里得到过感谢的人，会希望将来再次受到你的谢意和肯定，因为他看到自己对你的帮助能够被你认识和赞赏。你的衷心感谢也会换来真心相报，日后对方还会乐意帮助你的。

感恩是认定别人帮助的价值，从而达到彼此感情交流的一种有效手段。当别人为你做了某些事情后，你应该表示感谢；当别人给予你关心、安慰、祝贺、指导以及馈赠时，你应该表示感谢；别人为你做事而未成功，但那份情意也值得你感谢。

“滴水之恩，当以涌泉相报。”懂得感激别人为自己所做的一切，不要把你所拥有的视为理所当然，你才能从别人那儿获得更多的帮助。感恩往往只是一句真诚的谢语或是一个小小的举止，却有着“赠人玫瑰，手有余香”的效果。

比尔有血液系统紊乱的毛病，很容易疲倦。有一天他开车回到家里，感觉很累，希望能够小睡一下。这时候，一位邻居兴高采烈地跑来，说他帮比尔在园子里种了两棵菜。比尔随口说声谢谢，就进屋睡觉了，因为他感觉实在太困了。

睡意向比尔袭来，但他始终睡不着。比尔猛然坐起，明白自己的不安是因为没有向邻居衷心致谢。他立刻走出屋子，到园子里，向邻居为刚才的淡漠道歉，并重新真诚致谢。比尔说：“这位邻居知道我有心脑血管方面的毛病，也知道休息对我很重要。当他知道我为了向他致谢而中断睡眠，非常感动，又帮我多种了两棵菜。我们两个都从再一次致谢中受惠。”

比尔说：“心中感激却没说出来，就好像包好礼物却没送出去。”

“人非草木，孰能无情？”在这个尘世攘攘的时代，不时地听到人心不古这样的慨叹，而化解人与人之间的猜忌，布置和谐的音符往往就是一句小小的“感激”。为什么要吝啬内心的感动呢，将它溢于言表，你将为自己赢得一片天空，正像歌中所唱的：“感恩的心，感谢有你，伴我一生让我有勇气做我自己；感恩的心，感谢命运，花开花落我一样珍惜。”

【如何培养感恩的心】

其实，感恩的心是可以通过思想的反映与选择来培养的，可以进行以下培养感恩能力的训练。

首先，让我们对生活作一番浏览，从而发现生活中已经显示出来的善，并赞美这种善。有一则古老的谚语说："我们的注意指向哪儿，我们的力量就会用到哪儿。"这是说，我们的天性是倾向于朝着我们所注意的事物使劲的，我们在实现这个良好愿望的过程中总要寻求更好的可能性。当你看到了更大的善，从而赞美这种善，你就会愈加将自己的创造性的才能运用于积极的方面。即使某个事物你一见便感到不快或难于完全接受，你也要尽自己的全力去发现其中的善，并衷心去祝福你所能见到的善！赞美善，并使它在你眼中成倍地增长。

第二种体验感恩的方式是，提前赞美那些你希望在生活中得到的美好事物。要感到你已经获得了这些美好的事物。这个人生法则可以表述为："外部世界将随着你的心中所想而诞生。"即天随人意，你的内心世界——思想、信念、态度——将有助于你开创你的外部生活。感恩这一生活态度有助于我们创造出我们所希望的生活。与延迟那种欢快、满足的感情不同，让我们提前享受生活的快乐。如果你希望你的生活更加丰富多彩、有滋有味，那么，你眼下就作为一个心怀感激的人去生活、去感受好了。你的生活态度一定会使你兴旺发达起来，就像磁石召铁一般灵验。

第三种体验感恩的方式——或许这是最困难的一种，但也是最具效验的一种——是向我们面对的困难与挑战表示感激。当你面对这类局面并闯过难关时，你在能力、智慧及同情心等各方面皆会有所进益。学习数学的一个最好方式，是给你一道难题去解；培养一位运动员的最好方式，是给他一个强壮、有力的对手去征服。

话别说得太满

“逢人且说三分话，未可全抛一片心。”人心是最复杂的东西，把心腹之言都掏出来，固然真诚可敬，但往往会触犯人身上的逆鳞，把话说得太满，就会印证那句“水满则溢，月盈则亏”的金玉良言，将自己陷于被动的境地。

“马有失蹄，人有失言”，把话说满了往往会掐断自己的余地，就无法保证每一句话都说得滴水不漏，从而在交际场上招来误会，为自己留下隐患。

【说理只需三分】

一般人对律师的印象，总是唇枪舌剑，针锋相对，得理不饶人的。

身为律师的孙波多年前有一次参加一场不很轻松的国际谈判，最后一天从晚上八九点钟，一直谈到深夜一点钟，双方还在谈判桌上僵持不下。对方有一个人出言不逊，孙波想，我们怎么可以让他这么放肆呢？

于是，他马上回敬一句，同样略带讽刺的意味，于是，气氛马上僵硬了起来，还好，对方有一个人呼叫说：“大家累了！休息5分钟吧！”他这一句话，化解了尴尬的场面。

> 简洁的语言是智慧的灵魂，冗长的语言则是肤浅的藻饰。
> ——（英）莎士比亚

同时，孙波也惊觉自己犯了兵家大忌，为了逞一时口舌之快，把谈判的有利位置拱手让给了别人。当然，经过了5分钟的缓冲时间，协议后来很快便达成了。

“话到快时留半句，理从真处让三分”，从此之后孙波将它装框搁在办公桌前，时时警醒自己。

刘涛是一位快言快语的人。他经常莫名其妙地得罪人，使自己陷入一片混乱中，于是他上山求得一副高僧写的处世药方，教的是如何待人接物，写得很有意思，其中有：热心肠一副，温柔二片，说理三分等等。

这使他想起了小时候的一次挨打：刘涛从小是认死理的犟脾气，小学五年级时，不知为了什么和父亲理论——早已忘了原因，现在想来，大概是父亲记错了什么事——说着说着争论起来，刘涛说父亲错了。而父亲认为他是对的。滑稽的是两人都为这件小事争得互不相让。说着说着，父亲上火了，拿出他的权威啪地给了刘涛一巴掌：还要说？小刘涛拼命忍住泪：就是要说。啪，又是一巴掌：还要说？就是要说。啪啪！还要说？就是要说。啪啪啪啪！还要说？

就是要说就是要说。啪啪啪啪啪啪……他终于忍不住疼，又气愤又委屈"哇"地一声大哭起来，一边哭一边大喊：你不是我爸爸，你不配做我爸爸……

最后的收场是母亲怒气冲冲加入了这场战争，过来把父亲推开护住小刘涛。他赌气足足有一个月不喊一声"爸"，而父亲也被他气得几天不见笑容。

"说理三分"，讲的其实是一种技巧。你若有理，聪明人一点就通，不用十分，三分足够了，不必画蛇添足；碰到蠢人（或一时走进死胡同的人），你再多费口舌也无用，何必执着，不妨假以时日，让他自己慢慢去悟；至于蛮汉，他本不讲理，你即使讲上十二分，也无异于是对牛弹琴——岂止是对"牛"呢，说不定像在对"虎"弹琴，弹得"老虎"上了火，"噢呜"一声要了你的小命！

"说理三分"，讲的也就是宽容。人总有缺点，或多或少总有不周全的地方，他或许并不明白，你巧妙地说上几句，点到为止，确是与人为善让他心存感激，若是穷追猛打，非要弄得人家连面子都留不住，只怕会两败俱伤。

古人讲写作时有一大诀窍："含蓄不露，便是好处""用意十分，下语三分，可见风雅，下语六分，可追李杜，下语十分，晚唐之作也"。其实这也是做人一大诀窍，做人不能太露，太露了就是"晚唐之作"，不可取。含蓄是一种大气、一种教养、一种风度，真正会做人的人，总是含蓄的，总是懂得明明占理十分却只说三分，总是记着"得理也让人"。

不过，这是很难很难的。人性的弱点之一是"一吐为快"，何况在理儿上的，常常会不知不觉“理直气壮”起来。因此，许多人虽然有高僧所说“热心肠一副”，也自认为不乏“温柔二片”等等，却总成不了气候——常常就在这多说几句之中，将功劳一笔勾销了……

“说理三分”，实在是大智慧，大修养，大气度，大学问。

【不要轻易说出别人的心思】

对于一个你并未完全了解的人，无论是说话还是做事，都要有所保留，不可一厢情愿。这是说在人前不要一下子把自己的心掏出来。按这个角度理解，在猜中别人心思时，一定也不要说出来，若是一针见血地挑明了，那是对别人的一种侵犯，是极不礼貌的行为，是很容易招致别人的反感，像杨修那样聪明反被聪明误的。

逢人且说三分话，未可全抛一片心，人心是最复杂的东西，把握不好会吃大亏的。

我们大多数人都喜欢正直而坦率型的朋友，他们心里无私，有什么就说什么，从来不加以掩饰，这样话说出去，心里也很舒服，总觉得有一种问心无愧的感觉，这种自我感觉总是良好的。的确，坦率也是一种很可爱的性格，大家都喜欢对方坦率，但这也是有条件的，这个条件就是大家都处于凡世，而且彼此能遵守这一游戏的规则，任何一方若违背了这一规则就觉得自己良心受了极大的谴责而心理不平衡，无法生活。显然，这一条件在目前的社会上是无法满足的。当今的社会是一个充满竞争的社会，为了生存，有些人可以使用一切手段而丝毫没有良心上的自律，也没有宗教上的羁绊。在这种情况下，可以说是人心不古。“知无不言，言无不尽”，有时看起来的确显得很幼稚可笑。

这样的人给人开始的印象总是比较好的，刚开始大家会认为你很老实和忠厚，可是，渐渐地他们会发现原来你头脑简单、思想简单，这样你便被定位为一个弱者，万一他们心怀不轨，那你岂不是自讨苦吃？所以，这种人在没有一种自我保护机制的情况下，常常会吃亏的。

另外，坦率的人还常常伤害别人。这种人想说什么就说什么，毫无掩盖，直来直去而且不分场合，这就犯了一个人性的大忌，人是被包装起来的，谁不希望自己更漂亮、更完美、更出众？谁不愿意别人多选择自己、吹捧自己？而你的坦率却会在连你自己也不知觉的情况下，就伤害了别人。这样，你在无形之中就树立了无数潜在的敌人，这种敌人比你知道的敌人更可怕，他们会寻找机会来向你发动进攻，趁你不备将你击倒，其结果，不是既伤害了别人又毁了自己吗？

最后，坦率的人还会被别人利用，因为你坦率，所以你对事情的看法往往很浅薄，而且很容易被对方的话激怒，同时也很快做出承诺为某人打抱不平，这样你便是一位感情用事的人。而感情用事是很危险的，你也许会逢场作戏，也许会为了一些不值得计较的正义、真理而去牺牲自己，你甚至还可能为了所谓的感情的面子而去成全别人，其实，这些东西都是虚无缥缈的，它们注定是不会永恒的，随着时间和空间的转换、人物的变更，终究有一天它们会化为乌有，而你将得到的也是一场梦。所以，与其当你在梦醒后发现自己被人利用，倒不如早点醒悟过来，警惕自己，多要求、告诫自己，切不可过于坦率和感情用事，逞一时口舌之快，坦率的背后一定要有理性和智慧的支配。

罂粟花又香又美，却生长出了鸦片；无花果的花渺小得看不见，却结出了甜美的果实，花不可开得太盛，盛极必衰；话也不可说得太满，满必有所失。

扫码获取更多资源

不要轻信权威

一位睿智的先哲曾说："每个人都要仔细观察哪条路是他的心拉着他走的路，然后全力以赴地去选择这条路。"一个真正认识自己、相信自己的人就是主宰他的命运的上帝。他不需要去膜拜任何外在的力量、无需向任何人低头，对于这样的人来说，他的命运就藏在自己的心胸里，而不是被别人的评论所掌控，更不会陷入权威的阴影中。

一位和尚跪在一尊高大的佛像前，正无精打采地背诵经文。长期的修炼并未使他立地成佛，他为此而苦闷、彷徨，渴望解脱。正好，一位云游四方的哲学家来到他身旁。

"尊敬的哲人，久仰久仰！弟子今日有缘见到你，真是前世造化！"和尚来不及站起，激动得颤颤巍巍地说，"今有一事求教，请指迷津；伟人何以成其伟人？比如说，我们面前的这位佛祖……"

"伟人之伟大，是因为我们跪着……"哲学家从容地说。

"是因为……跪着？"和尚怯生生地瞥了一眼佛像，又欣喜地望着哲学家，"这么说，我该站起来？"

> 只要人是活着的，人的前途就永远取决于自己。
>
> ——（德）雅斯贝尔斯

"是的！"哲学家打了一个起立的手势，"站起来吧，你也可以成为伟人！"

"什么，你说什么？我也可以成为伟人？你……你……你这是对神灵、对伟人的贬损！"说着，和尚双手合十，连念了两遍“阿弥陀佛”。

“与其执着拜倒，弗如大胆超越！”哲学家说罢头也不回地走了。

“超越？呸！”和尚听了哲学家的话如惊雷轰顶，“这疯子简直是亵渎神灵，玷污伟人！罪过！罪过！”说着，虔诚致志地补念了一遍忏悔经，又跪下了。

芸芸众生，有多少人在走着一条朝“圣”之路，在这条路上，又有多少人心甘情愿地下跪，一次又一次地丧失自我，向权威俯首称臣。别人伟大，那是因为你跪着，这个世界上，除了你自己，没有任何力量能迫使你下跪，生活中许多人之所以活得不尽如人意，就是因为老在别人的背影中生活。只有永远保持自己站的权利，你才会成为这个世界的唯一。

【权威也有失误的时候】

1842 年 3 月，在百老汇的社会图书馆里，著名作家爱默生的演讲激动了年轻的惠特曼：“谁说我们美国没有自己的诗篇呢？我们的诗人文豪就在这儿呢！……”这位身材高大的当代大文豪的一席慷慨激昂、振奋人心的讲话使台下的惠特曼激动不已，热血在他的胸中沸腾，他浑身升腾起一股力量和无比坚定的信念，他要渗入各个领域、各个阶层、各种生活方式。他要倾听大地的、人民的、民族的心声，去创作新的不同凡响的诗篇。

1854 年，惠特曼的《草叶集》问世了。这本诗集热情奔放，冲破了传统格律的束缚，用新的形式表达了民主思想和对种族、民族和社会压迫的强烈抗议。它对美国和欧洲诗歌的发展起了巨大的影响。

《草叶集》的出版使远在康科德的爱默生激动不已。诞生了！国人期待已久的美国诗人在眼前诞生了！他给予这些诗以极高的评价，称这些诗是“属于美国的诗”“是奇妙的”“有着无法形容的魔力”“有可怕的眼睛和水牛的精神”。

《草叶集》受到爱默生这样很有声誉的作家的褒扬，使得一些本来把它评价得一无是处的报刊马上换了口气，温和了起来。但是惠特曼那创新的写法，不押韵的格式，新颖的思想内容，并非那么容易被大众所接受，他的《草叶集》并未因爱默生的赞扬而畅销。然而，惠特曼却从中增添了信心和勇气。1855 年底，他印起了第二版，在这版中他又加进了 20 首新诗。

1860年，当惠特曼决定印行第三版《草叶集》，并将补进些新作时，爱默生竭力劝阻惠特曼取消其中几首刻画“性”的诗歌，否则第三版将不会畅销。惠特曼却不以为然地对爱默生说：“那么删后还会是这么好的书么？”爱默生反驳说：“我没说‘还’是本好书，我说删了就是本好书！”执着的惠特曼仍是不肯让步，他对爱默生表示：“在我灵魂深处，我的意念是不服从任何的束缚，而是走自己的路。《草叶集》是不会被删改的，任由它自己繁荣和枯萎吧！”他又说：“世上最脏的书就是被删灭过的书，删减意味着道歉、投降……”

第三版《草叶集》出版并获得了巨大的成功。不久，它便跨越了国界，传到英格兰，传到世界许多地方。

泰戈尔曾经说过：“除非心灵从偏见的奴役下解脱出来，否则心灵就不能从正确的观点来看生活，或真正了解人性。”而一个人最致命的偏见莫过于认为权威们无论何时何地都是正确的。这种偏见往往会葬送一个人的一生。俄国作家契诃夫说得好：“有大狗，也有小狗，小狗不该因为大狗的存在而心慌意乱。”所有的狗都应当叫，就让它们各自用自己的声音叫好了。切不可看了巨著《红楼梦》，就停止了文坛上的耕耘；或看了马拉多纳踢球，便放弃绿茵场上的梦想；或听过帕瓦罗蒂的歌声，便扼杀自己的音乐天分。如果总是活在权威的阴影下，对权威总持完全的肯定，那么世界上也就从来不会出现曹雪芹、帕瓦罗蒂、马拉多纳这样的人物了。

【你自己决定你是谁】

有一位年迈的富翁，他非常担心自己留给儿子的巨额财产不但不能给儿子带来幸福，反而会害了他。为此，他把儿子叫到跟前，向儿子讲述了他自己如何白手起家的故事，目的是希望儿子也能发愤图强，靠自己的努力打拼出一个天下来。

儿子听了很感动，就决定独自一个人去寻找宝物。他跋山涉水历尽艰辛，最后在热带雨林找到一种树木，这种树木能散发一种浓郁的香气，放在水里不像别的树一样浮在水面，而是沉到水底。他心想：这一定是价值连城的宝物！就满怀信心地把香木运到市场去卖，可是却无人问津，为此他深感苦恼。当看到隔壁摊位上的木炭总是很快就能卖完时，他一开始还能坚持自己的判断，但时间最终让他改变了自己的初衷，他决定将这种香木烧成炭来卖。结果很快被一抢而空，他十分高兴，迫不及待地跑回家告诉父亲，但父亲听了他的话，却气得老泪纵横。原来，儿子烧成木炭的香木——沉香切下一块磨成香粉，价值就超过了一车的木炭。

做人最怕的不是贫穷，而是没有主见，经不住外界的诱惑而随风摇摆，最终随波逐流，放弃了自己最宝贵的东西。世人常犯的错误就是不能坚守自己，而总是喜欢和别人比较。一位大师曾经说过："玫瑰就是玫瑰，莲花就是莲花，只能去看，不能比较。"

其实，尘世间的每一个人，都有一些属于自己的"沉香"。但世人往往不懂得它的珍贵，反而对别人手中的木炭羡慕不已，最终只能让世俗的尘埃蒙蔽了自己的双眼。

有这样一个故事：

白云守端禅师有一次和他的师父杨岐方会禅师对坐，杨岐问："听说你从前的师父茶陵郁和尚大悟时说了一首偈，你还记得吗？"

"记得，记得。"白云答道，"那首偈是：'我有明珠一颗，久被尘劳关锁，一朝尘尽光生，照破山河星朵。'"语气中免不了有几分得意。

杨岐一听，大笑数声，一言不发地走了。

白云怔在当场，不知道师父为什么笑，心里很愁烦，整天都在思索师父的笑，怎么也找不出他大笑的原因。

那天晚上，他辗转反侧，怎么也睡不着，第二天实在忍不住了，大清早去问师父为什么笑。

杨岐禅师笑得更开心，对着失眠而眼眶发黑的弟子说："原来你还比不上一个小丑，小丑不怕人笑，你却怕人笑。"白云听了，豁然开朗。

很多时候我们总会陷入别人对我们的评论之中，别人的语气、眼神、手势……总是会不经意中搅乱我们的心，消灭了我们往前迈步的勇气，甚至整天沉迷在白云般的愁烦中不得解脱，白白损失了做个自由快乐的人的权利。每个人都有自己的生活方式，而决定你成为什么样的人的永远只有你自己，一旦人生轨迹被别人所预设，你将被这个世界真正遗弃。

【最高的道德是你自己的原则】

英国的一个城市公开招聘市长助理，条件必须是男人。当然，所说的男人并不仅仅从生理上界定，它指的是精神上的男人，每一个应考的人都理解。

经过了多番文化和综合素质的角逐，有一部分人获得了参加最后一项特殊的考试的权利，这也是最关键的一项。那天，他们轮流去一个办公室应考，这最后一关的考官就是市长本人。

第一个男人走进来，只见他一头金发熠熠闪光，高大魁梧，仪表堂堂。市长带他来到一个特别的房间，房间的地板上洒满了碎玻璃，尖锐锋利，望之令人心惊胆战。市长以万分威严的口气说："脱下你的鞋子！将里面桌子上的一份登记表取出来，填好交给我！"男人毫不犹豫地将鞋子脱掉，踩着尖锐的碎玻璃取出登记表填好交给了市长。他强忍着钻心的痛，依然镇定自若，表情泰然，静静地望着市长。市长指着一个大厅淡淡地说："你可以去那里等候了。"男人非常激动。

市长带着第二个男人来到另一间特殊的屋子，屋子的门紧紧地关闭着。市长冷冷地说："里边有一张桌子，桌子上有一张登记表，你进去将表取出来填好交给我！"男人推门，门是锁着的。"用脑袋把门撞开！"市长命令道。男人不由分说，低头硬撞，一下、两下、三下……足足有半个小时，头破血流，门终于开了。他取出表认真地填好交给了市长，市长说："你可以去大厅等候了。"男人非常高兴。

就这样，一个接一个，那些身强体壮的男人都用自己的意志和勇气证明了自己。市长表情有些沉重。他带最后一个男人来到一个房间，市长指着站在房间里的一个瘦弱的老人对男人说："他手里有一张登记表，去把它拿过来填好交给我！不过他不会轻易给你的，你必须用你刚硬的铁拳将他打倒……"男人严肃的目光射向市长："为什么？你得让我有足够的道理！""不为什么，这是命令！""你简直是个疯子，我凭什么打人家？何况他是弱小的老人！"

市长又带他分别去了那个有碎玻璃的房间和紧锁着的房间，同样遭到了他的反对和拒绝。市长对他大发雷霆……

男人气愤地转身就走，被市长叫住了。市长将这些应考的人都召集在一起，告诉他们只有最后一个男人考中了。

那些无一不伤筋动骨的人都捂着自己的伤口审视着被宣布考中的人，当发现他身上的确一点伤也没有时都惊愕地张大了嘴巴，非常不服气，异口同声地问："为什么？"

市长说："你们都不是真正的男人。"

"为什么？"

市长语重心长地说："真正的男人懂得反抗，是敢于为正义和真理献身的人，而不是选择唯命是从，做出没有道理的牺牲的人。"

最高的道德是作为人的原则。当你外在的行动和内在的思想相称时，你是诚实的。当你抛弃你的真理去取悦他人时，你就放弃了诚实。罗伯特·路易斯·史蒂文森大声疾呼："要想知道你喜欢什么，不是谦恭地对世界告诉你应该喜欢的事物说'阿门'，而是要保持你的精神活泼。"没有什么比保持精神活泼更重要，而这种精神活泼的支柱莫过于一个人的尊严与操守，即自尊、自信、正直。放弃那些迎合别人的无谓牺牲，那么你就拥有别人最真诚的敬意，也算恪守了这个世界上最高的道德。

在电影《锡制酒杯》中，凯文·考斯特尼扮演的主人公强调："当你需要做出决定的瞬间出现时，你可以决定这一时刻，或者让这一时刻决定你。"当我们在决定我们的生活是什么样的时刻，我们总被引导着相信生活决定我们是谁。而事实上，在这个世界上只有你自己的精神才能告诉你你将要走上去的前途是什么样子的，与其问生活在遥远的天空的上帝你应该怎样做，还不如扪心问问你自己。你应该坚持的事就是你自己的原则。

相信、倾听你心灵的召唤，你就越生活在深刻的精神中，这也是最灿烂的道德之光。

慎重对待机遇

机会不会向每个人冲奔而来，有的时候“伟大的事业降临到渺小人物的身上，仅仅是短暂的瞬间。谁错过了这一瞬间，它绝不会再恩赐第二遍”；可是有的时候“机会似乎是很诱人的，而事实上却有很多遥不可及和美好的事物都是骗人的幌子。”所以，就像我们立在十字路口，如履薄冰一样，当机遇向我们迎面扑来时，我们迎接它的手应该是慎重的，而不是草率的。

【苹果熟了才能采摘】

1950年，日本丰田公司因破产危机，工业公司和销售公司发生分离。但是，不久爆发的朝鲜战争却给丰田带来了喜讯，美军大量的卡车订单使丰田汽车公司起死回生。这对于亲身体验了产销分离痛苦的丰田英二来说，自然希望回到以前产销一体的体制。

> 机遇之神以无与伦比的技巧向我们表明它的思想与仁慈相比，任何才华能力都是罔效无用的。
>
> ——（德）叔本华

但是事情并非那么简单，工业公司和销售公司分离的体制已经形成，当时负责技术部门的董事丰田英二，深知即使他提出重新合并的建议，在当时也是行不通的。

丰田英二在确定丰田的未来发展方向时，决断很慢，这是因为英二在深思熟虑考察各种条件的同时，还要衡量各方面的利益是否均衡。他认为条件不成熟，即使机遇再好也是要失败的，他只有耐心地等待成熟时机的到来。

直到20世纪80年代初，丰田的两家公司才终于结束了长达32年的产销分离，诞生了全新的丰田公司，丰田英二的等待终于有了丰硕的成果。

在处理丰田赴美建厂一事上，丰田英二也同样小心谨慎，耐心等待时机的成熟。

丰田进军美国，在日本汽车厂商中，是继本田、日产之后的第三家，为此不少人抱怨为时太晚。会长丰田英二和社长丰田章一郎的回答是："我们在等待真正有利的时机，我们的行动并没有落后。"由于采取了谨慎的战术，丰田公司终于顺利地打入了美国汽车市场。

其实，每一个扑向你身边的机遇也不一定是最适合你的。有时候你要冷静下来，衡量利弊才能做出取舍。"苹果青的时候是不应该摘取的，它熟的时候，自己会落，但你若在青的时候摘取，便是损害了苹果和树，并且要使牙齿发酸的。"不过，在摘苹果的时候等一等，并不是守株待兔，当断不断，一旦把犹豫当作慎重，错过熟苹果掉落的时机，你就只有眼睁睁地看苹果腐烂了。

一位富翁家的狗在散步时跑丢了，于是富翁就在当地报纸上发了一则启事：有狗丢失，归还者，付酬金1万元。

启事刊出后，送狗者络绎不绝，但都不是富翁家的。富翁的太太说，肯定是真正捡狗的人嫌给的钱少，那可是一只纯正的爱尔兰名犬。于是富翁就把电话打到报社，把酬金改为2万元。

一位沿街流浪的乞丐在报摊看到了这则启事，他立即跑回他住的窑洞，因为前天他在公园的躺椅上打盹时捡到了一只狗，现在这只狗就在他住的那个窑洞里拴着。果然是富翁家的狗。

乞丐第二天一大早就抱着狗出了门，准备去领2万元酬金。当他经过一个小报摊的时候，无意中又看到了那则启事，不过赏金已变成3万元。

乞丐又折回他的窑洞，把狗重新拴在那儿。第四天，悬赏额果然又涨了。

在接下来的几天时间里，乞丐天天浏览当地报纸的广告栏。当酬金涨到使全城的市民都感到惊讶时，乞丐返回他的窑洞。可是那只狗已经死了，因为这只狗在富翁家吃的都是鲜牛奶和烧牛肉，对于这位乞丐从垃圾桶里捡来的东西根本消受不了。

乞丐的待价而沽并不是没有道理，可慎重是审度时宜，在该出手时候就出手，而不是闭着眼睛等着更好的时机来临。错过了出手的最佳时刻，你依然摘不到苹果。

【苹果青的时候就该准备好篮子】

卡罗·道恩斯原是一家银行的职员，但他放弃了这份在别人看来安逸但自己觉得不能充分发挥才能的职业，来到杜兰特的公司工作。

当时杜兰特开了一家汽车公司，这家汽车公司就是后来声名显赫的通用汽车公司。工作6个月后，道恩斯想了解杜兰特对自己工作优缺点的评价，于是他给杜兰特写了一封信。道恩斯在信中问了几个问题，其中最后一个问题是："我可否在更重要的职位从事更重要的工作？"

杜兰特对前几个问题没有作答，只就最后一个问题做了批示："现在任命你负责监督新厂机器的安装工作，但不保证升迁或加薪。"杜兰特将施工的图纸交到道恩斯手里，要求："你要依图施工，看你做得如何？"

道恩斯从未接受过任何这方面的训练，但他明白，这是个绝好的机会，不能轻易放弃。道恩斯没有丝毫慌乱，他认真钻研图纸，又找到相关的人员，做了缜密的分析和研究，很快他就明白了这项工作，终于提前一个星期完成了公司交给他的任务。

当道恩斯去向杜兰特汇报工作时，他突然发现紧挨杜兰特办公室的另一间办公室的门上方写着：卡罗·道恩斯总经理。

杜兰特告诉他，他已经是公司的总经理了，而且年薪在原来的基础上在后面添个零。"给你那些图纸时，我知道你看不懂。但是我要看你如何处理。结果我发现，你是个领导人才。你敢于直接向我要求更高的薪水和职位，这是很不容易的。我尤其欣赏你这一点，因为机会总是垂青那些主动出击的人。"杜兰特对卡罗·道恩斯说。

固然，我们应该在苹果熟了的时候才去摘取，但机遇树上的苹果一变青我们就要准备好手中的篮子，如果不是道恩斯主动出击，也许机遇永远不会来叩响他的大门。我们在开始做事时就要像千眼神那样察视时机，对青苹果时刻保持警惕——因为这是苹果成熟的征兆。正如培根所说："机会老人先给你送上他的头发，当你没有抓住再后悔时，却只能摸到他的秃头了。”

两个青年一同开山，一个把石块砸成石子运到路边，卖给建房的人；一个直接把石块运到码头，卖给杭州的花鸟商人，因为这儿的石头总是奇形怪状，他认为卖重量不如卖造型。3年后，他成为村里第一个盖起瓦房的人。

后来，不许开山，只许种树，于是这儿就成了果园。等到秋天，漫山遍野的鸭梨招徕八方商客，他们把堆积如山的鸭梨成筐成筐地运往北京和上海，然后再发往韩国和日本。因为这儿的梨汁浓肉脆，鲜美无比。就在村里人为鸭梨带来的小康生活欢呼雀跃时，曾经卖石头的那个果农卖掉果树，开始种柳。因为他发现，来这儿的客商不愁买不到好梨，只愁买不到盛梨的筐。5年后，他成为第一个在城里买房的人。

再后来，一条铁路从这儿贯穿南北，北到北京，南抵九龙。小村对外开放，果农也由单一的卖果转向开始谈论果品的加工及市场开发。就在一些人开始集资办厂的时候，这个村民在他的地头砌了一座3米高100米长的墙。这座墙面向铁路，背依翠柳，两旁是一望无际的万亩梨树。坐火车经过这儿的人，在欣赏盛开的梨花时，会突然看到四个大字："可口可乐"。

据说这是500里山川中唯一的广告。那墙的主人凭着这墙，第一个走出了小村，因为他每年有4万元的额外收入。

20世纪90年代末，日本丰田公司亚洲代表山田信一来华考察。当他坐火车路过这个小山村时，听到这个故事，他被主人公罕见的商业头脑所震惊，当即决定下车寻找这个人。当山田信一找到这个人的时候，他正在自己的店门口跟对门的店主吵架，因为他店里的一套西装标价800元时，同样的西装对门就标价750元；他标价750元时，对门就标价700元。一个月下来，他仅仅批发出8套西装，而对门却批发出800套。山田信一看到这情形，以为被讲故事的人骗了。但当他弄清楚事情的真相后，立即决定以百万年薪聘请他，因为对门那个店，也是他的。

生活就是这样，在别人卖石头的重量时，你抢先一步卖造型，在别人卖水果时，你抢先一步卖盛水果的筐，时机就这样被你捕捉到了。在别人等着机会老人露头时，你抢先一步把他送上来的头发抓住，你就是能第一个摘到熟苹果的人。

中国明代政治家张居正说："审度时宜，虑定而动，天下无不可为之事。"在纷纭的世事中，一个适合我们的时机往往只出现一次，我们要灵活地运用它而不是滥用它，审慎地抓住它而不是被它绊倒，我们就会把机遇变成未来，让星星之火成燎原之势。

守 时

时间是人所能花费的一种最贵重的东西，所以你宁可从别人的左袋里偷走白银的角币，也不要碰别人的右袋——因为里面装着黄金的时间。

有一次，康德和他的朋友格林说好在第二天早晨8时乘格林的马车到城外作一次旅行。差15分钟8点的时候，格林就已准备停当，差5分8点时，他戴上帽子提起手杖，从楼上下来，8点钟一到，他便乘车飞驶而去。他在普列高里河的一座桥上遇到气喘吁吁的康德，竟然不顾康德的大声呼喊扬长而去，这件事情给康德教训极深。从此，他的时间观念加强了，并很快养成了准时的习惯，每天晚上他都在7时准时离开格林的住所，只要康德从格林家出来，准是7点钟，可以据此对表。

1779年，康德计划到一个名叫珀芬的小镇，去拜访朋友彼特斯。他曾写信给彼特斯，说3月2日上午11点钟前到他家。

> 盛年不重来，一日难再晨。及时当勉励，岁月不待人。
> ——（中国）陶渊明

康德是3月1日到达珀芬的，第二天早上便租了马车前往彼特斯家。朋友住在离小镇12英里远的一个农场里，小镇和农场间有一条河。当马车来到河边时，车夫说：“先生，不能再往前走了，桥坏了。”

康德看了看桥，发现中间已经断裂。河虽然不宽，但很深。他焦虑地问：“附近还有别的桥吗？”

“有，在上游6英里远的地方。”车夫回答说。

康德看了一眼表，已经10点钟了，问："如果走那座桥，我们什么时候可以到达农场？"

"我想要12点半钟。"

"可如果我们经过面前这座桥，最快能在什么时间到。"

"不到40分钟。"

"好！"康德跑到河边的一座农舍里，向主人打听道："请问您的那间小屋要多少钱才肯出售？"

"给200法郎吧！"

康德付了钱，然后说："如果您能马上从小屋上拆下几根长木板，20分钟内把桥修好，我将把小屋赠送给您。"

农夫把两个儿子叫来，按时完成了任务。康德的马车快速地过了桥，10点50分赶到了农场。在门口迎候的彼特斯高兴地说："亲爱的朋友，您真准时。"

【想跑在别人的前面，先在乎别人的时间】

贺拉斯·格里利说："一个人如果根本不在乎别人的时间，这和偷别人的钱有什么两样呢？浪费别人的1小时和偷走别人5美元有什么不同呢？况且，很多人工作1小时的价值比5美元要多得多。"

华盛顿经常这样说："我的表从来不问客人有没有到，它只问时间有没有到。"

华盛顿每天4点钟吃饭，如果有时候应邀到白宫吃饭的国会新成员迟到了，华盛顿就会自顾自地吃饭而不理睬他们，这使他们感到很尴尬。

一次，他的秘书找借口说，自己迟到的原因是表慢了。华盛顿回答说"那么，或者你换块新表，或者我换个新秘书。"

约翰·昆西·亚当斯从不误时。议院开会时，看到亚当斯先生入座，主持人就知道该向大家宣布各就各位，开始会议了。有一次发生了这样一件事，主持人宣布就座时，有人说："时间还没到，因为亚当斯先生还没来呢。"结果发现是议会的钟快了3分钟，3分钟后，亚当斯先生准时到达了会场。

恪守时间是使人信任的前提，会给人带来好名声。它清楚地表明，我们的生活和工作是按部就班、有条不紊的，使别人可以相信我们能出色地完成手中的事情。恪守时间的人一般都不会失言或违约，都是可靠和值得信赖的。

一个成功者应该珍惜自己的时间。他总是设法回避那些消耗他时间的人，希望自己宝贵的光阴不要因为他们而多浪费一刻。一个成功的时间管理者不仅懂得如何珍惜自己的时间，而且特别珍惜别人的时间。因为他们深知这才是真正的赢取时间之道，如果你想跑在别人的前面，你就必须先要在乎别人的时间。

【守时是信用的礼节】

作为纪律中最原始的一种，无论上班下班约会都必须准时，守时是信用的礼节，是公共关系的首环。

一位朋友向周总推荐一位印刷公司老板。这位老板知道周总的公司在印刷方面花不少钱，想争取周总的生意。他带来了精美的样本、仔细考虑的价钱建议和热情的许诺。周总有礼貌地坐着，尽管他未到会前就决定不把生意交给他，因为他迟了20分钟才到。准时取得周总的公司的印刷品是十分关键的。周总的公司的产品的印刷部件星期三送到，星期四装订，星期五发送到周总下星期出席的座谈会地点，迟一天就跟迟一年那么糟糕。周总的公司可能要十多位工人在既定的一天来将销售信、小册子订货单叠好塞进信封，如果印刷品没运到，啥事都干不成。所以，当那位印刷公司老板第一次会议就不能准时出席，周总就会推断出不能指望这个印刷公司老板能把他的工作干好。

守时是最大的礼貌，许多你想打交道的精明、成功和有影响力的人士，并没什么“系统”去判断别人和决定买谁的东西，与谁做生意，帮助或信任谁。如果你不是守时者，别人会对你作负面评价。可以说遵守时间是一个打动别人的最简单方法。

如果你对别人的时间不表示尊重，你别指望别人会尊重你的时间。如果你不守时，你就没有影响力或没有道德的力量。但守时的人会取得职员、助手、货商、顾客……每一个人的好感。

诚实守信是一种美好的品德，更是做人的基本原则。近年来，诚实守信在社会上的被重视程度逐渐提高。

很多人都已认识到诚实守信的重要性，都希望自己能够成为一个有诚信的人。但不少人认为诚信的原则只是在大事中才能体现，而事实上要做到诚实守信，必须从小事做起，从恪守的时间做起。

约会准时问题是我们最常遇到的诚信问题之一。每逢节假日，朋友约好了出去是常事。事先我们都会定好时间和地点，可是到了时间后，总会有人迟到甚至不去。“路上堵车”“起晚了”“自行车坏了”……迟到者总是有千万条理由一一搪塞焦急等待着他们的人。更有甚者,参加活动的多数人都已到达，某君却迟迟不露面，一个多小时过去了，该君来电话宣称自己“不想去了”，苦等半天的众人此刻的兴致已经扫去了不少。若是又有几人也“不想去了”，精心准备的活动也许就此泡汤。参加约会的应该都是交情不错的朋友，对待自己的朋友尚且这样，可见诚信的观念并未深入他们的内心。以如此草率的态度对待每次朋友间的约定，久而久之，这些人离背信弃义就不远了。其实，若是你真的有事情会影响你赴约，早一些告诉同行的人就会避免类似的局面出现，而你也算是坚持了诚信的原则。

生活中类似的问题还有许多，对于小事不加以重视的我们就这样一次次抛弃了守时。我们在今后要做的，就是在小事上提高自己的注意力，将守时的原则渗透到我们生活中的每一个细节。特别需要引起注意的是，在生活中，我们也许有过失信于人的经历，有些人会因此“破罐破摔”地反复践踏别人的时间，但我们确实应该以亡羊补牢的态度在今后的生活中努力改变自己不遵守时间的坏习惯。

抗日将领冯玉祥将军对不遵守时间的人深恶痛绝。为此写下了警世之联：一桌子点心，半桌子水果，哪知民间疾苦？两点钟开会，四点钟到齐，岂是革命精神！

任何人都没有权利浪费别人的时间，守时是走向社会的第一步，也是一个人打开信用之门的第一把钥匙。如果你尊重别人，那就从尊重别人的时间开始。

不谈论别人隐私

每个人的内心深处都有它自己的地盘，谁也不能轻易触碰到这块隐秘区，否则抠了别人的伤疤，自己也捞不到任何好处。正如西方的一句谚语所说：“擅自偷听或公开朋友的秘密，你将失去这个朋友。”既然是别人的隐私，一旦被你所知，你就应该将它烂在肚子里，该装聋作哑时就装聋作哑，这既是对别人的尊重，也是一种明哲保身之道。

古时候，有个小国使者到大国来，进贡了3个一模一样的金人，金光灿灿，把皇帝高兴坏了。可是这小国的使者出了一道题目：这3个金人哪个最有价值？

皇帝想了许多的办法，请来珠宝匠检查，称重量、看做工，都是一模一样的。怎么办？使者还等着回去汇报呢。泱泱大国，不会连这3个小问题都回答不出吧？

最后，有一位退职的老臣说他有办法。皇帝将使者请到大殿，老臣胸有成竹地拿着三根稻草，插入第一个金人的耳朵里，这稻草从另一边耳朵出来了，第二个金人的稻草从嘴巴里直接掉出来，而第三个金人，稻草进去后掉进了肚子里。

老臣说：“第三个金人最有价值！”使者默默无语，答案正确。

> 如果一个人没有一点属于自己的秘密，那他不是一个可靠的人。
>
> ——（俄）劳伦斯基

人长两只耳朵一个嘴巴的用意，无非是多听少说，少说才能沉稳，少说才不至于惹祸上身，更何况你所要面对的可是别人的隐私，就更应该保持缄默。

【别人的“逆鳞”碰触不得】

好友娟快要结婚了，敏欢天喜地，比自己结婚还高兴。一天，娟在家向外打电话，敏想听听马上结婚的好友，还要说什么知心话，以便取笑。谁知娟打给的不是未婚夫而是给医生的电话，原来婚前检查发现，娟根本没有生育能力，结婚以后不能要孩子。娟忧心忡忡，想询问医生可不可以挽救。敏听到的就是这个电话，她的心一下子也沉重起来。后来她将此事告诉了另一个好友，谁知此事被娟知道了。娟非常气愤，结婚那天，都没有邀请敏参加。一对好友因此产生了隔阂，最终分道扬镳了。

朋友之间要保守彼此的隐私并不是对对方的不信任，而是对自己负责。你同样也需要保守自己的隐私，这一切并不证明你和好友间的疏远；相反，明智的人会认为，如此双方的友谊更加可靠。所以在你朋友觉得难为情或不愿公开某些私人秘密时，你也不应强行追问，更不能私自以你们的关系好而去偷看或悄悄地打听朋友的秘密。

凡属朋友的一些敏感性、刺激性大的事情，其公开权应留给朋友自己。你不应该以朋友的身份自居去了解你不该了解的事情，更不应该做朋友隐私的传声筒。

在中国素有所谓“逆鳞”之说，即使再驯良的龙，也不可掉以轻心。龙的喉部之下约一尺的部分上有“逆鳞”，全身只有这个部位的鳞是反向生长的，如果不小心触到这一“逆鳞”，必会被激怒的龙所杀。其他的部位任你如何抚摸或敲打都没关系，只有这一片逆鳞无论如何也接近不得，即使轻轻抚摸一下也犯了大忌。

无论人格多高尚多伟大的人，身上都有“逆鳞”存在。只要我们不触及对方的“逆鳞”就不会惹祸上身。所谓的“逆鳞”就是我们所说的“痛处”，也就是缺点、短处。

而这也往往被别人视为最大的隐私，受伤的疮疤不能抠，越抠越会发炎，难免会使伤口越大，触人隐私，犹如抠人疮疤，其结果便是犯了人与人相处的大忌，让你后悔莫及。

其实，不仅“逆鳞”触碰不得，对于一些城府颇深的人来说，即使一般的隐私你最好也不要去打探，更别说去传播了。

秦桧当上宋朝的宰相后，许多人都想巴结他。有个人非常善于阿谀奉承，和秦桧的关系很好，并且受到多方关照，得了无数的好处。

为了使关系“更上一层楼”，这个人挖空心思，想办法弄来了一条十分珍贵的波斯地毯，送给了秦桧。地毯送来后，秦桧让家人铺在了屋里，一看尺寸不多不少，大小正好合适。众人纷纷称赞送礼的人有眼光，想得真周到；那个人也沾沾自喜。但是秦桧的心里却感到很不舒服。

原来，这个人为了博得欢心，此前每次到秦桧家里来时，都仔细观察屋子的大小，并加以准确地目测。因此，他送来的地毯才会完全合适。

不过，这个人没有再得到秦桧的褒奖，后来，秦桧找了个借口把他杀了。为什么会这样呢？因为秦桧感到这个人心机太深了，对自己的屋子大小都能计算得如此准确，毫厘不差，那么他对自己其他方面的事情也一定了如指掌。秦桧感到，把这样的人留在身边实在太危险了。

隐私被别人知道，对任何人来说，都不是令人愉快的事，无数事实都表明，了解别人不愿说出来的隐私，对自己来说是很危险的。也许有时候我们不是出于主动去打听到别人的隐私，而是无意间碰巧看见或听见了，这时候应该怎么办呢？最巧妙的做法，就是假装没有注意到。“无动于衷”有时候恰恰是最有力量的。

【约束窥探欲】

有的人会认为关心别人私事是一种关系亲密的暗示，或者是导向亲密关系的途径。事实上有些东西是不方便与人分享的，所以在希望别人不要窥视你内心世界的同时，将心比心，你也不要用谈论私事的方式来拉近和同事的关系。

对待自己的隐私，要学会用心呵护，对待别人的隐私，要切忌人云亦云，以讹传讹。为什么这样说呢？首先你要明白，你所知道的关于别人的事情不一定确凿无误，也许还有许多隐情你不了解。要是你不假思索就把你所听到的片面之言宣扬出去，难免颠倒是非。话说出口就收不回来，事后你完全明白了真相时才后悔不迭，但此时已经在同事之间造成了不良的影响。人与人之间的关系相当复杂，你如果不知内幕，就不可信口雌黄，以免招惹是非。现实生活中有一种人，专好推波助澜，把别人的隐私编得有声有色，夸大其词地逢人就说。人世间不知有多少悲剧由此而生。你虽不是这种人，但偶然谈论别人的隐私，也许你无意中就为别人种下祸患的幼苗，其不良后果并非你所能预料的。因为一时言语之快而失去别人对你的信任，甚至导致朋友反目成仇，是得不偿失的。隔阂皆由言生，无论何种情况下，都要把别人的秘密当作自己的宝藏一样呵护，切不可因小失大。捍卫别人的隐私也是你避免伤害的第一步。

去年底，公司一个叫洁的女同事辞职，便新招了一个叫王林的女孩来顶她。洁的电脑自然也归王林使用。上班没多久，王林便在一天午饭时眉飞色舞地说："前面那个人蛮有趣的，在电脑里留了很多小说，好感人哦！不晓得她哪里下载的……你们要看吗？"同事们听了都凑了过来，只见开篇第一句就是："爱上我的上司王杰，已经两年。"——不幸的是，女主角名叫洁，而这家公司的部门经理也叫王杰。更不幸的是，这绝不是小说，王林看不出，同事却一眼就发觉了。但不幸中的万幸，是王林没有"邮件群发"，王杰不会收到。

大家看完了面面相觑，把王林吓坏了。有人拍拍她的肩："删掉这篇文章吧，以后不要提……"叫她不提，可私下里，我们怎么忍得住："洁怎么那么粗心，走的时候都不'格式化'硬盘？""她暗恋了那么久，王杰说不定是知道的，但是不理她。她这明摆着是让这些东西漏出来让王杰难堪嘛！""也不一定，说不定她在等着有一天可以传到王杰耳朵里，反正他太太也不在上海……"不知道这篇在公司里传来传去的"暗恋日记"最终有没有传到王杰那里，总之王林在王杰手下干得很不开心，半年不到就辞职了。临走前，王林没有忘记把硬盘"格式化"。

王林的一个无意行为就为自己带来了卷铺盖走人的下场，也许你会觉得爱谈论别人的隐私这只是女人的专长，其实男人中也不乏这种人。对别人隐私的津津乐道满足了人性中的窥视欲，是很多人都难以避免的"口误"，然而越是容易犯的错误，越是要约束自己不至踏入让自己后悔的河流。约束你的窥探欲，战胜你的弱点，你的人生舞台上将少上演一些无妄之灾。

如果你茶余饭后一定要找谈话的资料，那天上的星河、地上的花草，无一不是谈话的好题目，不是一定要谈东家之长论西家之短才能消遣时间。宇宙之大，谈资无所不有，何必非要拿别人的隐私满足自己的倾诉欲？

拒绝别人一定要讲究艺术

语言是一种艺术，拒绝则是最难掌握的一门语言艺术。

生活中，不可能不拒绝别人，如果每次拒绝都带来隔阂，带来仇视敌意，那最后必将成为孤家寡人，想远离孤独，就要学会拒绝这门必修课。

威廉二世设计了一艘军舰，他在设计书上写道："这是我积多年研究，经过长期思考和精细工作的结果。"他请国际上著名的一位造船家对此设计作出鉴定。

过了几周，造船家送回其设计稿并写下了下述意见：

"陛下，您设计的这艘军舰是一艘威力无比、坚固异常和十分美丽的军舰，称得上空前绝后。它能开出前所未有的高速度，它的武器将是世界上最强的，它的桅杆将是世界上最高的，它的大炮射程也将是世上最远的。您设计的舰内设备，将使舰长到见习水手的全部人员都会感到舒适无比。你这艘辉煌的战舰，看来只有一个缺点：那就是只要它一下水，就会沉入海底，如同一只铅铸的鸭子一般。"

> 一个机会可以失而复得，可是一句蠢话却驷马难追。
>
> ——（法）福楼拜

拒绝是一种应变的艺术，能让你化险为夷，为自己留下回旋的空间。找借口拒绝对方，模糊一些，对方会心服口服；如果生硬地拒绝，对方则会产生不满，甚至仇恨、仇视你。把话说得委婉、模糊一些，能够使对方听出你拒绝的弦外之音，做到既不伤人，又达到了拒绝的目的，是一种聪明人的做法。

【委婉拒绝，把感情留住】

美国总统富兰克林·罗斯福在就任总统之前，曾在海军部担任要职。有一次，他的一位好朋友向他打听海军在加勒比海一个小岛上建立潜艇基地的计划。罗斯福神秘地向四周看了看，压低声音问道："你能保密吗？""当然能。""那么，"罗斯福微笑地看着他："我也能。"他的朋友明白了罗斯福的意思，不再打听了。

拒绝他人，是非常易伤感情的，因为被人拒绝是很多人心里难以逾越的坎，一语不慎可能多年的感情就会付诸东流。于是有很多人因为难于拒绝别人的要求，于是连那些自己干不来的事情也接了下来，结果使对方的期待落空，因而破坏了彼此之间的友谊，这种例子是屡见不鲜的。但不懂得拒绝的技巧，过于直接地拒绝对方，也会影响双方关系，甚至被人误会并结下仇怨，使自己陷于十分不利的境地。所以，应学会运用智慧，巧妙地使用拒绝的话语，以坚持自己的意志，摆脱不利的局面，同时也能维持双方的关系。

富兰克林·罗斯福显然深谙拒绝的艺术，其语言具有轻松幽默的情趣，表现了罗斯福的高超水平，在朋友面前既坚持了不能泄露秘密的原则立场，又没有使朋友难堪，取得了极好的语言交际效果。以致在罗斯福死后多年，这位朋友还能愉快地谈及这段总统轶事。相反，如果罗斯福义正词严地加以拒绝，甚至心怀疑虑，认真盘问对方为什么打听这个，有什么目的，受谁指使，岂不是小题大做，有煞风景？其结果必然是两人之间的友情出现危机甚至破裂！

与人相处，我们经常会面对他人的请求，比如借钱，帮忙做某事，等等。如果我们对这些请求并不愿意接受，却又不好意思说"不"，我们就会使自己陷入十分为难的境地。或者违心地答应下来，心里却别别扭扭；或者假装答应却不做，失信于人……

一般来说，我们应该尽可能地帮助他人，因为乐于助人是我们做人的一种美德。但帮助别人不能没有原则。

例如，你在法院工作，你的一个朋友的亲戚犯了法，正好由你审理，朋友的亲戚托他给你送来5000元钱，要你网开一面，从轻发落。如果你接受了钱，那么你就是知法犯法，到时弄不好会给自己招惹不必要的麻烦。

许多人不敢拒绝别人的不合理“请求”，实际上是给自己以后求别人办一些“不光明正大”的事留后路。这才是真正自私的念头。

拒绝是一门学问，稳妥的拒绝既消除了自己的尴尬，又不让对方无台阶可下，聪明的人在拒绝别人时，总能让人欣然接受还不伤感情。

【拒绝上司也有方】

甘罗的爷爷是秦朝的宰相。有一天，甘罗看见爷爷在后花园走来走去，不停地唉声叹气。

“爷爷，您碰到什么难事了？”甘罗问。

“唉，孩子呀，大王不知听了谁的挑唆，硬要吃公鸡下的蛋，命令满朝文武想法去找，要是三天内找不到，大家都得受罚。”

“秦王太不讲理了。”甘罗气呼呼地说。他眼睛一眨，想了个主意，说：“不过，爷爷您别急，我有办法，明天我替你上朝好了。”

第二天早上，甘罗真的替爷爷上朝了。他不慌不忙地走进宫殿，向秦王施礼。

秦王很不高兴，说：“小娃娃到这里捣什么乱！你爷爷呢？”

甘罗说：“大王，我爷爷今天来不了啦。他正在家生孩子呢，托我替他上朝来了。”

秦王听了哈哈大笑：“你这孩子，怎么胡言乱语！男人家哪能生孩子？”

甘罗说：“既然大王知道男人不能生孩子，那公鸡怎么能下蛋呢？”

上司永远是一类很特殊的人群，有时他对你自己确有生杀予夺的权力，但是尽管部下是隶属于上司，但部下也有他独立的人格，不能什么事都不分善恶是非都服从，部下并不是奴隶。倘若你的上司以往曾帮过你很多忙，而今他要委托你做无理或不恰当的事，你更应该毅然地拒绝，这对上司来说是好的，对自己也是负责的。

那么，当拒绝成为面对上司无法避免的选择时，要采用什么方法才能让上司接受，不致为自己带来无妄之灾呢？

1. 触类相喻，委婉说“不”

当领导提出一件让你难以做到的事时，如果你直言答复做不到时，可能会让领导损失颜面，这时，你不妨说出一件与此类似的事情，让领导自觉问题的难度，而自动放弃这个要求。

2. 佯装尽力，不了了之

当上司提出某种要求而属下又无法满足时，设法造成属下已尽全力的错觉，让上司自动放弃其要求，也是一种好方法。

比如，当上司提出不能满足的要求后，就可采取下列步骤先答复："您的意见我懂了，请放心，我保证全力以赴去做。"过几天，再汇报："这几天×××因急事出差，等下星期回来，我再立即报告他。"又过几天，再告诉上司："您的要求我已转告×××了，他答应在公司会议上认真地讨论。"尽管事情最后不了了之，但你也会给上司留下好感，因为你已造成"尽力而做"的假象，上司也就不会再怪罪你了。

通常情况下，人们对自己提出的要求，总是念念不忘。但如果长时间得不到回音，就会认为对方不重视自己的问题，反感、不满由此而生。相反，即使不能满足上司的要求，只要能做出些样子，对方就不会抱怨，甚至会对你心存感激，主动撤回已让你为难的要求。

3. 利用集团掩饰自己说"不"

你被上司要求做某一件事时，其实很想拒绝，可是又说不出来，这时候，你不妨拜托其他二位同事，和你一起到上司那里去，这并非所谓的三人战术，而是依靠集团替你作掩护来说"不"。

首先，商量好谁是赞成的那一方，谁是反对的那一方，然后在上司面前争论。等到争论过一会儿后，你再出面轻轻地说："原来如此，那可能太牵强了"，而靠向反对的那一方。

这样一来，你可以不必直接向上司说"不"，就能表明自己的态度。这种方法会给人"你们是经过激烈讨论后，绞尽脑汁才下结论"的印象，而包含上司在内的全体人士，都不会有哪一方受到伤害的感觉，从而上司会很自然地自动放弃对你的命令。

【把拒绝别人的话说“活”】

做人灵活，拒绝别人也要灵活，不要用强硬的方式拒绝，那样只会伤害彼此感情，采用灵活的方法把“不”说出口，这才是做人“活”一点的意义。

1. 要以非个人的原因作借口

拒绝他人，最困难的就是在不便说出真实的原因时又找不到可信而合理的借口，那么，不妨在别人身上动动脑筋，比如借口你的家人方面的原因。一位生活惬意的家庭主妇自称她的生活之所以能如此安宁，就是因为她懂得巧妙地拒绝。当一个推销员敲她家门时，她的态度礼貌而坚定：“我丈夫不让我在家门前买任何东西。”你看我不买你的商品，不是因为我不愿意掏腰包，而是因为我那个有点古怪的丈夫。这样一来，推销员既不会因为你没买他的东西而怨恨你，同时也感到再说下去也是白费口舌，因为问题不在于你，而在于你那个他并未谋面的丈夫，于是，他只好作罢。

2. 通过诱导对方来达到拒绝的目的

当别人向你提出不合理的要求时，不要简单地拒绝他，而应该让他明白他的要求是多么荒唐，从而自愿放弃它。一位业绩卓著的室内设计师声称，对于用户的不合实际的设想，他从不直截了当地说“不行”，而是竭力引导他们同意他希望他们做的事情。一位妇女想要用一种不合适的花布料做窗帘，这位设计师提议道：“我们来看看你希望窗帘布置达到什么效果。”接着，他大谈什么样的布料做窗帘才能与现代装饰达成最好的和谐，很快，那位妇女便把自己的花布料忘了。

3. 用最委婉和气的方式来表达你的意见

一位热情奔放的老妇人决定与年轻的女邻居交朋友，她发出邀请：“欣迪，你明天上午到我家来玩，好吗？”欣迪脸上露出温和宽厚的笑容说：“不行啊！”她的拒绝既友好又温情，但态度又是那么坚决，老妇人只好作罢。

所以，当别人的请求你无法满足，而又不能或无须找任何借口时，就用最委婉、最友善、最真诚的语言拒绝他，把他对你的期望值降到零。

拒绝不仅是一种艺术，更是化解人际交往中的隔阂的良方，掌握了这门艺术你就既能尽情享受和别人的感情，又最大化地保护了自己的利益。

多交朋友，少树敌人

古希腊哲学家毕达哥拉斯曾说：“要这样生活：使你的朋友不致成为仇人，而使你的仇人却成为你的朋友。”在哪里找到了朋友，你就在哪里重生，而在哪里树立了敌人，你就在哪里跌倒，朋友一千个也还太少，而敌人一个也嫌多，来自朋友的一个温柔的目光，一句由衷的话语，能使你忍受生活给你的多重磨难，而来自敌人的怨恨则能让你如坐针毡，原来绚烂的生活也因此黯然失色。

人情冷暖，世事无常，多个朋友多条路，多个敌人多堵墙，人类在相互交往中寻求着安慰、价值和保护，正是这种星罗棋布的关系使人们不至于独自与这个世界抗争。换句话说，人正是靠彼此互助才得以生存，即便是流落荒岛的鲁滨逊也都要有一位名叫“星期五”的伙伴，更何况身处竞争激烈、充满喧嚣与纷争的社交圈中的我们。因此，轻易得罪人是一种剥夺自己生存空间的行为。

> 友谊不是血肉的联系，而是情感和精神的相通，使一个人有权利去援助另一个人。
>
> ——（俄）柴可夫斯基

【与人树敌，等于自掘坟墓】

伏尔泰曾经说过：“自从世界上出现人类以来，相互交往就一直存在。”在这个过程中，你伤害过谁，也许早已忘了，可是被你伤害的那个人永远不会忘记你，他绝不会记住你的优点，在一些无关紧要的小事上给别人的内心留下伤痕，你将会为自己挖下失败的坟墓。

美国成人教育专家戴尔·卡耐基是处理人际关系的老手，然而早年时，他也曾犯过小错误。有一天晚上，卡耐基参加一个宴会。宴席中，坐在他右边的一位先生讲了一段幽默故事，并引用了一句话，意思是谋事在人，成事在天。那位健谈的先生提到，他所引用的那句话出自《圣经》。然而，卡耐基发现他说错了，他很肯定地知道出处，一点疑问也没有。

为了表现优越感，卡耐基很认真又很讨嫌地纠正了过来。那位先生立刻反唇相讥："什么？出自莎士比亚？不可能！绝对不可能！"那位先生一时下不来台，不禁有些恼怒。

当时卡耐基的老朋友法兰克·葛孟坐在他的身边。葛孟研究莎士比亚的著作已有多年，于是卡耐基就向他求证。葛孟在桌下踢了卡耐基一脚，然后说："戴尔，你错了，这位先生是对的。这句话出自《圣经》。"

那晚回家的路上，卡耐基对葛孟说："法兰克，你明明知道那句话出自莎士比亚。""是的，当然。"葛孟回答，"在《哈姆雷特》第五幕第二场。可是亲爱的戴尔，我们是宴会上的客人，为什么要证明他错了？那样会使他喜欢你吗？他并没有征求你的意见，为什么不保留他的脸面，说出实话而得罪他呢？"

一些无关紧要的小错误，放过去无伤大局，那就没有必要去纠正它。这不仅是为了自己避免不必要的烦恼和人事纠纷，而且也顾及了别人的名誉，不致给别人带来无谓的烦恼。这样做，并非只是明哲保身，也体现了做人的度量。

与其邀千百人之欢，不如释一人之怨。世上有很多人常陷于一种绝境之感，当然，这种绝境之感都是从活路走向死路而形成的。美国人际关系专家泰勒说："绝大多数人的绝境都是因不善于做人自逼而成。为什么？因为他们太容易树立自己的对立面。"因此做人的底线之一就是忌结怨树敌，凡是不注意此点的，都会给自己做事带来非常大的障碍。最聪明的做人者，总是以"与人树敌，等于自掘坟墓"为训导。

东汉时有个叫苏不韦的，他的父亲苏谦曾做过司隶校尉，李皓由于和苏谦有隙，怀着个人私愤把苏谦判了死刑，当时苏不韦只有 18 岁。他把父亲的灵柩送回家，草草下葬，又把母亲隐匿在武都山里，自己改名换姓，用家财招募刺客，准备刺杀李皓，但事不凑巧，没有办成。

不久以后，李皓升迁为大司农。

苏不韦就和人暗中在大司农官署的北墙下开始挖洞，夜里挖，白天躲藏起来。干了一个多月，终于把洞打到了李皓的寝室下。一天苏不韦和他的人从李皓的床底下冲出来，不巧李皓上厕所去了，于是只能杀了他的小儿子和妾，留下一封信便离去了。

李皓回屋后大吃一惊，吓得在室内置了许多荆棘，晚上也不敢安睡。苏不韦知道李皓已有准备，杀死他已不可能，就挖了李家的坟，取了李皓父亲的头拿到集市上去示众。李皓听说此事后，心如刀绞，心里又气又恨，又不敢说什么，没过多久就吐血而死。

李皓只因一点私人恩怨，就置人于死地，而苏不韦一生之中只为报仇，竭心尽力。李皓不忍小仇，结果招致老婆孩子被杀，死了的父亲也跟着受辱，自己最终吐血而死，被天下人笑话，实在是愚蠢至极。

也许像苏不韦这样极端的人并不常见，但仇恨的确是一种很可怕的力量。如果你在别人心里播下了仇恨的火种，必将后患无穷，为自己招来无妄之灾。所以古人说："血气之初，寇仇之恨。报冤复仇，自古有闻，不在其身，则在子孙。人生世间，慎勿构冤。……君子长者，宽大乐易，恩仇两忘，人己一致。无林甫夜徙之疑，有廉蔺交欢之喜。噫，可不忍欤！"

人性中总有恶的一面，与人结怨，你便会成为这种恶的牺牲品，在人生与事业的大厦基座上便埋下了一条引火线——一条可以随时摧毁你现有一切的导火线。

【人生无朋友，恰似生命无太阳】

英国首相丘吉尔曾有一段名言："没有永久的敌人，也没有永久的朋友，有的只是永久的利益。"他一生都在奉行着这句话，在待人处世上表现出领袖的风度与气魄。丘吉尔作为保守党的一名议员，历来非常敌视工党的政策纲领，但他执政时却重用了工党领袖艾德礼，自由党也有一批人士进入了内阁。更值得称道的是，他在保守党内部，对前首相张伯伦也没有以个人恩怨去处理他们的关系。他不计前嫌，很好地团结了他们，显示了他的胸怀和高明的用人之术。

张伯伦在担任英国首相期间曾再三阻碍丘吉尔进入内阁，他们政见不合，特别是在对外政策上存在很大的分歧。后来张伯伦在对政府的信任投票中惨败，社会舆论赞成丘吉尔领导政府。出人意料的是，丘吉尔在组建政府过程中，坚持让张伯伦担任下院领袖兼枢密院院长。他认识到保守党在下院占绝大多数席位，张伯伦是他们的领袖，在自己对他们进行了多年的批评和严厉的谴责之后，取张伯伦而代之，会令他们许多人感到不愉快的。为了国家的最高利益，丘吉尔决定留用张伯伦，以赢得这些人的支持。

后来的事实证明，丘吉尔的决策非常英明。当张伯伦意识到自己的绥靖政策给国家带来巨大灾难时，他并没有利用自己在保守党的领袖地位刁难丘吉尔，而是以反法西斯的大局为重，竭尽全力做好自己分内之事，对丘吉尔起到了极大的配合作用。

做事过程中有许许多多这样或那样的磕磕碰碰的事，这就需要一和了之。以和为贵，就是社会学中所说的异质整合。包罗万象的自然万物，能和谐有序地排列在一起，为人类所利用，都离不开异质整合之功。为人处世应当以和为贵，息事宁人，或化干戈为玉帛，使你的敌人成为你的朋友，并最终为你所用。要知道，在通往成功的旅途上，朋友的力量才是你永远的财富；而失去了朋友的人生则会变得黯淡无光，再没有生活的乐趣和心灵的愉悦。

正如梁实秋先生所说：“只有神仙与野兽才喜欢孤独，人是要有朋友的。”没有朋友的人，只能是半个人。友情往往是人生活中的一盏明灯，失去了它，你会在黑暗中四处碰壁，找不到出路，黑暗过后还是黑暗。

杰克·伦敦的童年，贫穷而不幸。14 岁那年，他借钱买了一条小船，开始偷捕牡蛎。可是，不久之后就被水上巡逻队抓住，被罚去做劳工。杰克·伦敦找机会逃了出来，从此便走上了流浪水手的道路。

两年以后，杰克·伦敦随着姐夫一起来到阿拉斯加，加入到淘金者的队伍中。在淘金者中，他结识了不少朋友。他这些朋友中三教九流什么都有，而大多数是美国的劳苦人民，虽然生活困苦，但是在他们的言行举止中充满了生存的活力。

杰克·伦敦的朋友中有一位叫坎里南的中年人，他来自芝加哥，他的辛酸历史可以写成一部厚厚的书。杰克·伦敦听他的故事经常潸然泪下，而这更加坚定了杰克·伦敦心中的一个目标：写作，写淘金者的生活。

在坎里南的帮助下，杰克·伦敦利用休息的时间看书、学习。1899年，23岁的杰克·伦敦写出了处女作《给猎人》，接着又出版了小说集《狼之子》。这些作品都是以淘金工人的辛酸生活为主题的，因此，赢得了广大中下层人士的喜爱。

杰克·伦敦渐渐走上了成功的道路，他著作的畅销也给他带来了巨额的财富。

刚开始的时候，杰克·伦敦并没有忘记与他同甘苦共患难的淘金工人们，正是他们的生活给了他灵感与素材。他经常去看望他的穷朋友们，一起聊天，一起喝酒，回忆以往的岁月。

但是后来，杰克·伦敦的钱越来越多，他对于钱也越来越看重，他甚至公开声明他只是为了钱才写作。他开始过起豪华奢侈的生活，而且大肆地挥霍。与此同时，他也渐渐地忘记了那些穷朋友们。

有一次，坎里南来芝加哥看望杰克·伦敦，可杰克·伦敦只是忙于应酬各式各样的聚会、酒宴和修建他的别墅，对坎里南不理不睬，一个星期中坎里南只见了他两面。

坎里南头也不回地走了。同时，杰克·伦敦的淘金朋友们也永远地从他的身边离开了。

离开了生活，离开了写作的源泉，杰克·伦敦的思维日渐枯竭，他再也写不出一部像样的著作了。

1916年11月22日，处于精神和金钱危机中的杰克·伦敦在自己的寓所里用一把左轮手枪结束了生命。

培根曾说："多一个真正的朋友，就多一块陶冶情操的砺石，多一分战胜困难的力量，多一个锐意进取的伴侣。"朋友可以说是另一个你，不管你们的身份、地位如何，失去和他的友情，你就失去了一份美丽，因为正是你的那些近在咫尺或远在天涯的朋友使你的世界变得如此广袤，是他们织成了地球的经纬。

不要躺在忧虑的摇椅上

莎士比亚曾经说过："忧虑分割着时季，扰乱着安息，把夜间变为早晨，白天变为黑夜。"

如果生活一旦笼罩上了忧虑的黑云，你的精神状态就会因此而受到摧残，它就像两座花园之间的一堵墙壁，隔绝了世界上最美丽的风景，让你的心在它的重压下苟延残喘，最后裂成碎片。

一个第二次世界大战期间参加诺曼底战役的士兵回忆道：

"1944 年 6 月初，我躺在奥玛哈海滩的散兵坑内，我们刚刚登陆诺曼底。我环顾坑内——真的只是地上的一个坑——我对自己说：'实在太像墓穴了'，当我躺下准备睡觉时，真的感觉是在坟墓里。我不由自主地想：这也许真的就是我的坟墓。晚上 11 点左右，德军开始轰炸，四处炸弹开花，我惊恐莫名。

> 忧虑像一把摇椅，它可以使你有事做，但却不能使你前进一步。
> ——（德）席勒

"最早的前面的二三晚，我完全无法入睡。到第四晚和第五晚，我快要崩溃了。我知道再不想办法，我会发疯的。我只有提醒自己已经过了 5 个晚上了，我还没有死，我的同胞也还活着，只有两位挂了彩，倒不是因为德军，而是被我们自己的高炮所伤。我决定做点有意义的事来克服忧虑。于是我为自己的掩体加盖一层薄木，以免被高炮伤到。我想到我们部队分散得很广，只有炸弹直接命中，我才会在坑内被炸死，我估计直接命中的几率只有万分之一。几个晚上我都以这种想法度过，我开始定下心来，后来即使在轰炸中，我也能睡得着。"

人的忧虑和烦恼大部分都来自你想象中的那个墓穴，而非现实中的坑。伟大的法国哲学家蒙坦也犯过相同的错误。“我的生活中，”他说，“曾充满可怕的不幸，而那些不幸大部分都是从来没有发生过的。”你的生活，我的生活，抑或他的生活，其实都一样，人们常常会被这些从来没发生过的不幸所折磨、摧残，在忧虑的摇椅上诚惶诚恐。

【不要为明天流眼泪】

底特律城已故的爱德华·依文斯，在学会“生命就在生活里，在每一天和每一个时刻里”以前，差点因为忧虑而自杀。爱德华·依文斯生长在一个贫苦的家庭，先是靠卖报来赚钱，然后在一家杂货店当店员。后来，因为家里有七口人要靠他吃饭，他就谋到一个当助理图书管理员的职位，薪水很低，他却不敢辞职。8年以后，他才鼓起勇气开始他自己的事业。一开始，就用借来的55元钱，发展成一个大的事业，一年赚了2万美金。不料，厄运降临了，很可怕的厄运:他替一个朋友背负一张面额很大的支票，但那位朋友却破产了。祸不单行，灾难接踵而来，那家存着他全部财产的大银行垮了，他不但损失了所有的钱，而且还负债16000元。他受不住这样的打击。“我吃不下，睡不着，”他说，“我开始生起奇怪的病来。”

“没有别的病因，只是因为担忧。有一天，我走在路上的时候，突然昏倒在路边，以后就再也不能走路了。他们让我躺在床上，我的全身都烂了，连躺在床上都受不了。我的身体越来越弱，最后医生告诉我，我只能再活两个礼拜了。我大吃一惊，写好我的遗嘱，然后躺在床上等死，挣扎或是担忧已经都没有用了，我放弃了，也放松了，闭目休息。连续好几个礼拜，我几乎没办法连续睡两个小时以上。可是后来，因这一切困难很快就结束了，我反而睡得像个小孩似的安稳。那些令人疲倦的忧虑渐渐地消失了，我的胃口恢复了，体重也开始增加。”

“几个礼拜以后，我就能拄着拐杖走路。6个礼拜过去了，我又能回去工作了。我以前一年曾赚过两万块钱，可现在能找到一个礼拜30块钱的工作，就已经谢天谢地了。我的工作是推销用船运送汽车时放在轮子后面的挡板。这时我已经学会了不再忧虑，不再为过去发生过的事情后悔，也不再为将来忧虑。我把所有的时间、精力和热忱，都放在了推销挡板上。”

爱德华·依文斯的进展很快，不到几年，他已是依文斯工业公司的董事长。多年来，这家公司一直是纽约股票交易所的常客。如果你乘坐飞机到格陵兰去，很可能会降落在依文斯机场——这是为了纪念他而命名的飞机场。如果不是学会“生活在完全独立的今天里”的话，爱德华·依文斯绝不可能获得这样的成果。

古罗马诗人何瑞斯写道：“这个人很欢乐，也只有他能欢乐，因为他能把今天称之为自己的一天。他在今天里能感到安全，能够说：不管明天会多么糟，我已经过了今天。”人性中最可怜的一件事就是，我们所有的人，都拖延着不去生活，只担忧着天边堆积的乌云，而不去欣赏今天开放在窗口的玫瑰。对于一个聪明人来说，每次只要活一天，每一天都是一个新的生命，绝不会在旭日东升时为黄昏的暮景发愁。

【接受最坏的现实】

一个商人的妻子不停地劝慰着她那在床上翻来覆去、折腾了足有几百次的丈夫：“睡吧，别再胡思乱想了。”

“嗨，老婆啊，”丈夫说，“你是没遇上我现在的罪啊！几个月前，我借了一笔钱，明天就到了还钱的日子了。可你知道，咱家哪儿有钱啊！你也知道，借给我钱的那些邻居们比蝎子还毒，我要是还不上钱，他们能饶得了我吗？为了这个，我能睡得着吗？”他接着又在床上继续翻来覆去。

妻子试图劝他，让他宽心：“睡吧，等到明天，总会有办法的，我们说不定能弄到钱还债的。”

“不行了，一点儿办法都没有啦！”丈夫喊叫着。

最后，妻子忍耐不住了，她爬上房顶，对着邻居家高声喊着：“你们知道，我丈夫欠你们的债明天就要到期了。现在我告诉你们：‘我丈夫明天没有钱还债！’”她跑回卧室，对丈夫说：“这回睡不着觉的不是你而是他们了。”

如果当凌晨三四点的时候，你还忧虑在心头，全世界的重担似乎都压在你肩膀上：到哪里去找一间合适的房子？找一份好一点的工作？怎样可以使那个啰唆的主管对你有好印象？儿子的健康，女儿的行为，明天的伙食，孩子们的学费……可怜！你的脑子里有许多烦恼、问题和亟待要做的事在滚转翻腾！墙上糊的纸好不好？女儿的男友配得上她吗？粮食会不会又要涨价了？可怜！你的思绪东飘西荡，你仿佛永远不会再入睡了！

如此众多的令人忧虑的事情！有旧的，也有新的；有重大的，也有微小的，而富有想象力的忧虑者总有办法将路上的行人同远古时代联系起来。假如太阳燃尽了，一年四季可能完全成为黑夜吗？如果低温冷冻中的人再苏醒过来，他们还能活多久？如果一个人没有了小脚指头，他能否在踢球中进球呢？

你的一生就这样在忧虑中度过，然而无论你多么忧虑，甚至抑郁而死，你也无法改变自己置身其中的现实。

应用心理学之父威廉·詹姆斯教授曾经告诉他的学生说："要愿意承担这种情况……能接受既成事实，就是克服随之而来的任何不幸的第一个步骤。"林语堂先生在他的《生活的艺术》里也谈到了同样的概念："能接受最坏的情况，在心理上就能让你发挥出新的潜力。"

当我们接受了最坏的情况之后，就不会再损失什么，这也就是说，一切都可能寻找回来。"在面对最坏的情况之时，"威利斯·卡瑞尔告诉我们，"我马上就轻松下来，感到一种好几天来没有经历过的平静。然后，我就能思想了。"他的说法很有道理。

可是现实中还有成千上万的人因为忧虑而毁掉自己的生活。因为他们拒绝接受最坏的情况，不肯由此作出改进，不愿在灾难中尽可能抢救出一点东西，他们不但不愿意重新构筑自己的财富，还沉浸于过去失败的记忆中不能自拔……终于，使自己成为忧虑的牺牲者，忧虑摧毁了他们奠定成功的最后一块基石——健康。正如巴尔扎克所说："淡淡的哀愁确能增加一种妩媚，但它最终会加深脸上的皱纹，毁掉一切容貌中最可爱的容貌。"与其躺在忧虑的摇椅上，独自老去，不如站起来，直面最坏的现实，摧毁这把摇椅。

【把忧虑写在沙上】

一位诗人曾经写道："我把忧愁写在水里，河水把它冲走了；我把忧愁写在沙里，海水把它冲散了；我把忧愁写在梦里，黑暗把它带走了；我把忧愁写在生命里，时间把它带走了。”

无言的哀痛是会向那不堪重负的心低声耳语，叫它裂成碎片的，所以与其把忧虑隐藏心中，不如开放心情，将忧虑和你担心的事情倾泻出来。

王欣第一次去见她的心理医生，一开口就说：“医生，我想你是帮不了我的，我实在是个很糟糕的人，老是把工作搞得一塌糊涂，肯定会给辞掉。就在昨天，老板跟我说我要调职了，他说是升职。要是我的工作表现真的好，干吗要把我调职呢？”

可是，慢慢地，在那些泄气话背后，王欣说出了她的真实情况。原来她在两年前拿了个MBA学位，有一份薪水优厚的工作。这哪能算是一事无成呢？

针对王欣的情况，心理医生要她以后把心里想到的话记下来，尤其在晚上睡不着觉时想到的话。在他们第二次见面时，王欣列下了这样的话：“我其实并不怎么出色，我之所以能够冒出头来全是侥幸。”“明天定会大祸临头，我从没主持过会议。”“今天早上老板满脸怒容，我做错了什么呢？”

她承认说：“单在一天里，我列下了26个消极思想，难怪我经常觉得疲倦，意志消沉。”

王欣听到自己把忧虑和害怕的事念出来，才发觉到自己为了一些假想的灾祸浪费了太多的精力。

如果你感到情绪低落，可能是因你老是在给自己灌输消极的信息所致。如果是这样，建议你听听自己内心在说的话，把这些话说出来或写下来。这样，你便能控制自己的思想，而不是被思想套牢了。把忧虑和害怕的事情说出来或写出来，你就会发现许多消极的念头都是多虑。

把忧虑藏在心中，你的忧虑就会加倍。许多人有忧虑与不安时，总是深藏在心间，不肯坦白说出来。其实，这种办法是很愚蠢的。内心有忧虑烦恼，应该尽量坦白讲出来，这不但可以给自己从心理上找出一条出路，而且有助于恢复头脑的理智，把不必要的忧虑除去，同时找出消除忧虑、抵抗恐惧的方法。

黄昏时，有一个人在森林中迷了路。天色渐渐地暗了，眼看黑幕即将笼罩，黑暗的恐惧和危险一步步移近，这个人心里明白：只要一步走错，就有掉入深坑或陷入泥沼的可能。还有潜伏在树丛后面饥饿的野兽，正虎视眈眈注意着他的动静，一场狂风暴雨式的恐怖正威胁着他，侵袭着他，万籁无声，对他来说是一片死前的寂静和孤单。

这时，凄暗的夜空中，几颗微弱的星光，一闪一烁，似乎带来了一线光明，却又不时地消失在黑暗里，留给人迷茫。但是对汪洋中的溺水者来说，一根空心的稻草都是珍贵的，都可认为是救命的宝筏，虽然它是那么的无济于事。

突然间，眼前出现一位流浪汉踽踽途中，他不禁欢喜雀跃，上前叫住，探询出去的路途。这位陌生的流浪汉很友善地答应帮助他。走呀！走！他发现这位流浪汉和他一样的迷途。于是他失望地离开了这位迷途的流浪汉，再一次回到自己的路线上来。不久，他又碰上了第二个陌生人，那人肯定地说他拥有逃出森林精确的地图，他再跟随这个新的向导，终于发现这是一个自欺欺人的人，他的地图只不过是他自我欺骗情绪的结果而已。于是他陷入深沉的绝望之中，他曾经竭力问他们有关走出森林的知识，但他们的眼神后面隐藏着忧虑和不安，他知道：他们和他一样地迷茫。他漫无目的地走着，一路的惊慌和失误，使他由彷徨、失落而恐惧。无意间，当他把手插入口袋时，找到了一张正确的地图。

他若有所悟地笑了：原来它始终就在这里，只要往自己本身去寻找就行了。从前他太忙，忙着询问别人，反而忽略了最重要的事——回到自己身上找。

如同这位在森林中迷路的人，你天生具有一份内在的地图，指引你离开忧虑和沮丧的茫茫森林。

解除忧虑的办法是始终存在的，在每个令人怀疑的深坑里，只要你及时扫除心灵的垃圾，将忧虑写在沙上，甚至连“绝望”本身也能帮助你走出困境。当你担心一切都完了的时候，殊不知一切才刚刚开始，把忧虑写在沙滩上，然后转身离去，再也不回头张望，海水就会涨上来，把你写在沙上的忧虑全都带走。

扫码获取
更多资源

懂得幽默的哲学

林语堂先生曾经说:“幽默如从天而降的湿润细雨，将我们孕育在一种人与人之间友情的愉快与安适的气氛中。它犹如潺潺溪流或者照映在碧绿如茵的草地上的阳光。”幽默好比温润细雨，好比潺潺溪流，好比融融春光，它孕育着人与人之间愉快、祥和的气氛；幽默好比化学反应中的酸碱中和，常可以化干戈为玉帛，使剑拔弩张的双方相视一笑，握手言和。如果说人生犹如一架不断运作的机器，那么幽默就是它的润滑剂，正如美国作家比彻所说:“只要你能逗他们发笑，人们会听任你去骂他们。”

> 没有幽默滋润的国民，其文化必日趋虚伪，生活必日趋欺诈，思想必日趋迂腐，文学必日趋干枯，而人的心灵必日趋顽固。
>
> ——（中国）林语堂

有一次，世界著名生物学家达尔文应邀赴宴，正好和一位年轻貌美的女士坐在一起。这位美人用戏谑的口气向达尔文提出质问道:“达尔文先生，听说你断言人类都是由猴子变来的，那我也是属于你的论断之列吗？”达尔文漫不经心地回答道:“那是当然的！不过你不是由普通猴子变来的,而是由长得非常迷人的猴子变来的。”

人类几乎是普遍地爱好谐趣，而越是智慧的人往往也最多地保留了幽默的能力。如果人懂得幽默的妙用，将会发现人生处处是愉悦的花朵。

【幽默是人际交往中的钥匙】

托马斯·卡莱尔曾说:“你的幽默是你以愉悦表达自己的方式。它表达的是你的真诚、善意和爱心。”

会心地一笑，可以迅速缩短人与人之间的距离，可以说，幽默是比握手更文明的一大进步。

原始人见面握手，是表示他们手上不带武器；现代人见面握手，是表示我欢迎你，并尊重你。以幽默来打招呼，则是有力地表示我喜欢你，我们之间有着可以共享的乐趣。

即使在相当严肃的外交场合，幽默也可以缓解过于紧张的气氛。

法国已故总统戴高乐在会见某国总统时，还没有握手就说：“啊，原来我的个子还没有你高，怎么样，当总统的滋味如何？”

那位总统有点拘束，说：“你说呢？”

“不错，像吃了火药一样，总想放炮。”

一番对话使两位总统间的猜疑、戒备之心顷刻瓦解。

我国的幽默大师林语堂甚至说：“在第一次世界大战前，如果各国都派幽默高手来谈判，那就可以避免第一次世界大战的发生了，因为各国都在嘲笑对方国家的短处。”

幽默是一种智慧的表现，具有幽默感的人到处都受欢迎，可以化解许多人与人间的冲突或尴尬的情境，往往能使人怒气难生，化为豁达，亦可带给人快乐，难怪有人说“笑”是两人间最短的距离。

看一些老式的港台电影，常会看到这种场景：“嗯，我一定在哪儿见过你。一定见过！好面熟。”

“是吗？这不可能。”

“不，肯定的。即使在梦里，也可能见过你。”

虽然老套，却泛着温馨。

美国黑人律师约翰·罗克勤1862年发表反奴隶制演说，一登台这样说：

“女士们、先生们——我到这里来，与其说发表讲话，还不如说是给这一场合增添一点点颜色……”

显然，黑人面对白人群众是“添”了点颜色，但除此还有言外之意，这里用的是双关引趣手法。

学贯中西的林语堂先生也很风趣：

“女士们、先生们——我觉得，绅士们的演讲，应该像女人们的裙子，越短越好……”

没有人会拒绝欢乐，如果你能把欢乐带给别人，你也就打开了人际交往中的那扇门，你将会如鱼得水，最终用幽默愉悦了你自己。

【幽默使你摆脱危机，化险为夷】

有幽默感的人往往思路敏捷、反应迅速，即使是面对复杂的环境和场合，也能从容不迫地妙语惊人，终能化险为夷。

竞选这种唇枪舌剑的把戏，对众人来说，精彩刺激，十分好看；对竞选者本人来说，却犹如险象环生的杂技，绝不轻松。这时候，一个有幽默感的人会以自己独特的魅力去保护自己、赢得选举。

造谣中伤在美国总统的竞选中是常有的事。1800年，约翰·亚当斯参加美国总统竞选时，他的妻子阿比盖尔·亚当斯为当时桃色丑闻的泛滥而忧心忡忡，担心丈夫会受到无中生有的攻击。共和党人指控亚当斯曾派竞选伙伴平克尼将军到英国去挑选四个美女做情妇。两个给平克尼，两个留给他自己。约翰·亚当斯听了哈哈大笑，说道：“假如这是真的，那平克尼将军肯定是瞒过了我，全部独吞了！”

对这种内容庸俗无聊的造谣中伤，有时可以装作听不见，置之不理。但若是已流传开来，有损于形象人格时，就不能不认真对待了。说认真，不一定非得“较真儿”，像亚当斯这样以极幽默的语言方式作答，也不失为一种有效的还击方法。

试想一下，如果亚当斯听到攻击之后气急败坏、暴跳如雷、脸红脖粗，或辱骂对方的不义，也许真会“越抹越黑”了。

后来，幽默而有能力的约翰·亚当斯当选为美国历史上的第二任总统。

在1980年的美国总统竞选中，里根信心十足，成竹在胸，故意拿卡特那南方人的拖腔带调来取笑。有一回，他有意让卡特问他：“罗纳，每一次——看到你骑马的照片，看上去——看上去你总要年轻些，这——是怎么回事啊？”里根学他的腔调回答道：“吉米，大概——那是我——常常爱骑老马的缘故吧！”

假若把你的各种优良特质比作钻石的各个侧面，幽默感则是钻石直接面向观众的那一面，可以时时折射出智慧的光辉，能让你在瞬息之间摆脱令人尴尬的窘境。

【幽默能让你忘记仇恨】

著名影星英格丽·褒曼在谈及“幸福的秘史”时，不无幽默地说：“幸福就是健康加上坏记性。”人生在世，不畅意的事太多，假若事事铭记在心头，岂不太累。一颗宽容、豁达的心，也是我们幽默的源头。

第二次世界大战期间，许多美国士兵离乡背井，投入欧洲战场，只能借书信聊解思乡之情。

有个美国大兵接到家乡女友的来信，欣喜地拆开展读后，脸上的笑容顿时僵住了。原来他日夜思念的女友在信中提到，她已经另有了新的男朋友，想借这封信结束彼此的来往，并请他将以前寄给他的相片寄还给她，以免日后徒生困扰。

美国大兵恼怒了几天，心情终于平定下来，他立即四处向随军护士及女性军官索取相片。他将得来的十余张相片寄回给女友，并附了一张短笺：“这些都是我女友的相片，我忘了哪张是你的。请自行选出你的相片，其余寄回。”

幽默带来魅力和宽容，冷嘲则带来深刻而不友善的理解；幽默的语言来自纯洁、真诚和宽容海涵的心灵，是生命之中的波光艳影，是人生智慧之源上绽放的最美丽的花朵，是人们能够从你那里享受到的心灵阳光。而幽默之魅力，如英国谚语所云：送人玫瑰之手，历久犹有余香。

【幽默是一种高贵的人生哲学】

有时，沉默更像是“木”，幽默更像是金。金能克木，金弥足珍贵。有幽默感，这句话可以认为是对人极高的赞赏，因为他不仅表示了受赞美者的随和、可亲，能为严肃凝滞的气氛带来活力，更显示了高度的智慧、自信与适应环境的能力。

一辆疾驰而拥挤的巴士突然紧急刹车，一位男士不慎撞在了一位女士的身上。该女士认为这名男士在揩她的油，鄙视道：“德性！”

骂声引来众多好奇的目光，该男士立即用幽默手段化解了尴尬，他是这样说的："对不起，小姐，不是德性，是惯性！"女士忍俊不禁，于是全车释然。

幽默像是击石产生的火花，是瞬间的灵思，所以必须有高度的反应与机智，才能发出幽默的语句，那语言才可能化解尴尬的场面，也可能于谈话间有警世的作用，更可能作为不露骨的自卫与反击。

维特门是毕业于哈佛大学的著名律师，还曾当选为州议员。有一次他穿了乡下人的服装到了波士顿的某旅馆，被一群绅士淑女在大厅里看到了，便戏弄他。维特门对他们说："女士们，先生们，请允许我祝愿你们愉快和健康。在这前进的时代里，难道你们不可以变得更有教养、更聪明些吗？你们仅从我的衣服看我，不免看错了人，因为同样的原因，我还以为你们是绅士淑女呢，看来，我们都看错了。"

但是必须强调，幽默并不是讽刺，它或许带有温和的嘲讽，却不刺伤人；它可以是以别人，也可以以自己为对象，而在这当中，便能显示出幽默者的胸襟与自信。

有一次，俄罗斯大文豪托尔斯泰去火车站迎接一位来访的朋友，在站台上被一个刚下车的贵妇人误认为是搬运工，便吩咐托翁到车上为她搬运箱包。托翁毫不犹豫地照办了，贵妇人付给了托翁 5 个戈比。此时，来访的朋友下车见到托翁，赶忙过来同他打招呼，站在一旁的贵妇人才知道这个为她搬行李的人竟是大名鼎鼎的托尔斯泰。贵妇人十分尴尬，频频向托翁表示歉意并请求收回那 5 个戈比，以维护托翁的尊严。不想托翁却表示不必道歉，和蔼地对贵妇人说：无须收回那 5 个戈比，因为那是我应得的报酬。双方的尴尬顿时化解在轻松的欢笑声中。

幽默是一种气质，一种胸怀，一种智慧，一种人生哲学，是人最可宝贵的内涵和品质。有幽默感的人是有福的，与有幽默感的人相处也是有福的。一样的天空，一样的大地，一样的人生，幽默的人却可以使天空更广阔，大地更辽远，生命更美好。也许可以这么说：在一个人的个人修养与个人奋斗里，最需要早日获得的就是幽默感。

赞美是伟大的艺术

诗人布莱克曾经说过："赞美使人轻松。"赞美是一种精明、隐秘和巧妙的奉承，它从不同的方面满足给予赞美和得到赞美的人们，当我们赞美别人的时候，就是把自己和别人放在同一条水平线上了。

理发师傅带了个徒弟。徒弟学艺3个月后，这天正式上岗，他给第一位顾客理完发，顾客照照镜子说："头发留得太长。"徒弟不语。

师傅在一旁笑着解释："头发长，使您显得含蓄，这叫藏而不露，很符合您的身份。"顾客听罢，高兴而去。

徒弟给第二位顾客理完发，顾客照照镜子说："头发剪得太短。"徒弟无语。

师傅笑着解释："头发短，使您显得精神、朴实、厚道，让人感到亲切。"顾客听了，欣喜而去。

徒弟给第三位顾客理完发，顾客一边交钱一边笑道："花时间挺长的。"徒弟无言。

> 赞美，像黄金钻石，只因稀少而有价值。
>
> ——（英）塞缪尔·约翰逊

师傅笑着解释："为'首脑'多花点时间很有必要，您没听说：进门苍头秀士，出门白面书生？"顾客听罢，大笑而去。

徒弟给第四位顾客理完发，顾客一边付款一边笑道："动作挺利索，20分钟就解决问题。"

徒弟不知所措，沉默不语。

师傅笑着抢答："如今，时间就是金钱，'顶上功夫'速战速决，为您赢得了时间和金钱，您何乐而不为？”顾客听了，欢笑告辞。

晚上打烊。徒弟怯怯地问师傅：“您为什么处处替我说话？反过来，我没一次做对过。”

师傅宽厚地笑道：“不错，每一件事都包含着两重性，有对有错，有利有弊。我之所以在顾客面前鼓励你，作用有二：对顾客来说，是讨人家喜欢，因为谁都爱听吉言；对你而言，既是鼓励又是鞭策，因为万事开头难，我希望你以后把活做得更加漂亮。”

徒弟很受感动，从此，他越发刻苦学艺。日复一日，徒弟的技艺日益精湛。

事情不仅要会干，也要会说，我们在日常生活中办一件极普通的小事，由于说话水平不同，所获得的效果和回报也大相径庭，而世界上再没有什么比甜蜜的语言更能打动人心了。

【真诚赞美最能“笼络人心”】

如果有一天你去邮局寄信，你就会发现收信的那些邮务员们，一个人称信的重量，取出邮票，找零钱，写下寄信收条，年复一年重复那种工作真是单调且苦恼。因此你心里也许会想：我要想办法让那个人喜欢我，我必须说点有趣的事，并且是关于她，不是关于我的。她有什么地方可以让我真实地称赞呢？的确是一个难答的问题。尤其是遇见一个生人的时候。

当她称你的信时，你可以很热诚地对她说道：“真希望有你那样一头好头发。”她可能会抬起头来，有点吃惊，脸上露着笑容很客气地答道：“噢，已经不是顶好的了。”你可以对她讲：确切地说，虽然已经失去了些当年的光泽，但现在仍然很好看。她听了肯定会异常高兴。

可以打赌，那位邮务小姐下班去吃饭的时候，心中一定驾云一般的舒服。回到家一定会对她丈夫讲这件事，而且会对着镜子说：“的确是很不错的头发呢。”

有人会问：“你这么做，是想从她那得到什么呢？”那到底能从她那得到点什么呢？

我们假如是那么自私，除了从别人身上得到什么，而不愿分给别人一点愉快，给别人一点赞美，假如我们是那么的心小如豆，那么，我们这一生便只会遭遇失败。

人类的举止动作有一条最重要的定理，假如你遵守那条定理，你将永远不会遇到困难。事实上，你若遵守那条定理，它会带给你无数的朋友和永远的快乐。但是一旦违反了那条定理，我们立即就会遭遇无数的困难。那条定理就是："永远使别人觉得自己高贵重要。"高贵感是人类最急切的要求，詹姆斯教授说道："人类渴望受人称赞，是天性中最深奥的禀质。"人与动物的不同处就在于高贵感的有无，人类文明就是从这里所产生的。

哲学家们对于人类关系的定理曾经思索考证了几千年，但结果只能引证出一条重要的定律。

那条定律并不是新创的，而是与历史一样古老。3000年前波斯哲人梭罗斯特把那条定律教给拜火教教徒。2000多年前中国的孔夫子把那条定律传给门人弟子，中国道教始祖老子也曾传授这条定律。释迦牟尼在2000多年前也把那条定律广传给人们。耶稣也把那条定律归纳成一句——可以说是全世界最重要的规律："你希望别人怎样待你，你就怎样待人。"

你想使曾和你交往过的人都赞同你，你想要别人承认你的真正价值，你想要有一种在你的小世界中的高贵感，你不愿意听无价值不真诚的阿谀，而渴求诚挚的赞赏……所有的人都需要这些。因此，让我们遵守这条金科玉律，并且以希望别人怎样对待我们的态度去对待别人。

一条最明显的真理，就是凡你所遇着的人，几乎每个人都觉得自己有比你优秀的地方。只有一个法子能打动他的心坎，就是让他觉得你承认他在自己的小天地中是高贵而重要的，并且真诚地赞美他。

有一天早晨，爱尔兰都柏林的一位牙医马丁·贵兹与夫，当他的病人指出她用的漱口杯托盘不干净时，他震惊极了。不错，她用的是纸杯，而不是托盘，但生锈的设备，显然表示他的职业水准是不够的。

当这位病人走了之后，贵兹与夫医生关了私人诊所，写了一封信给布利基特——一位女佣，她一个礼拜来打扫两次。他是这样写的：

"亲爱的布利基特：

最近很少看到你。我想我该抽点时间，为你做的清洁工作致意。顺便一提的是，每周2小时，时间并不算少。假如你愿意，请随时来工作半个小时，做些你认为应该经常做的事，像清理漱口杯托盘等等。当然，我也会为这额外的服务付钱的。”

第二天他走进办公室时，他的桌子和椅子被擦得几乎跟镜子一样亮，他几乎从上面滑了下去。当他进了诊疗室后，看到从未见过的非常干净、光亮的铬制杯托放在储存器里。他给了她的女佣一个美誉，而且就只为这一个小小的赞美，她使出了最卖力的一面。

赞美是人与人交往的一流台词，赞美的话最能“笼络人心”，你肯定别人的时候，也就得到了别人的肯定。灵活做人，就要学会适时地赞美别人，并不一定要有回报，因为真诚地赞美别人是一种美德，学会了它，你就能征服人心，就像托尔斯泰所说：“甚至在最好的最友爱的最单纯的关系中，阿谀或称赞也是不可少的，正如同要使车轮子转得滑溜，膏油是不可少的。”

【赞美是一种伟大的力量】

美国著名小说家贺尔柯恩原来是一个铁匠之子。他一生上学不足 8 年，然而，他死时已是世界上最富有的文人。

故事是这样，柯恩最爱读十四行诗及短歌，他曾把英国诗人罗赛蒂的诗全部读熟，甚至还写了一篇讲演稿颂扬罗赛蒂的艺术成就，并且寄了一份给罗赛蒂。罗赛蒂很高兴，他想：“有一青年对我的才能有这么高的评价，那么他一定是很聪明的。”因此他便函聘那个铁匠的儿子到伦敦当他私人秘书。这是柯恩一生的转折点。因为他在新职位上，遇到了当代的诸多大文豪，得益于他们的指教和鼓励，柯恩遂致力于文学事业，后来他的名字享誉全球。

柯恩的故里格端巴堡成为世界上一些旅游者爱去瞻仰的圣地。他的遗产总价值 250 万美元。然而——谁晓得——假如他不曾写那一篇称赞大名人的文章，到死时也许还只是一个默默无闻的穷人。

这便是真诚与出自内心的称赞的力量，这是来源于不朽人性的一种伟大的力量。

给人一个超乎事实的美名，就像用“灰姑娘”故事里的仙棒点在他身上一样，会使他从头到尾焕然一新。

你若要在某方面去改变一个人，就把他看成他已经有了这种杰出的特质。莎士比亚曾说：“假如他没有一种德行，就假装他有吧！”更好的是，公开地假设或宣称他已有了你希望他有的那种德行，给他一个好的名声来作为其努力的方向，他就会痛改前非、努力向上，而不愿使你的希望破灭。

吉欧吉特·勃布朗在她的书中——《我与马依得荷灵的生活》，描述了一位比利时的灰姑娘惊人的变化。

她写道："隔壁旅馆的服务生端来了我的餐点。她的名字叫'洗盘子的玛希'，因为她刚开始时是做洗碗盘助手。她简直是个怪物，斜眼，外八字腿，既没姿色，又没头脑。有一天她的红手端着通心粉的盘子，我直截了当地跟她说：'玛希，你不知道你自己有什么宝藏？'她惯于压抑自己的情感，迟疑了一会儿，害怕有什么灾难似的，连动也不敢动。后来她才把盘子放在桌上，叹了口气，纯真地说：'我永远都不相信我有。'她一点都不怀疑，连一个问题都不问。她只是喃喃地重复着我所说的回到厨房去了，而且她深信没有人会跟她开玩笑。"

"从那天起，大家开始尊重她了。但最奇怪的变化在谦卑的玛希身上发生了。她相信自己确实有些内在宝藏，她开始打扮起来了，她饥渴的青春似乎开始奔放了，并谦逊地隐藏着她的朴实。两个月后，她宣布她要和大厨师的侄子结婚了。她说：'我就要当一名淑女了。'并谢谢我。一个小小的称许，改变了她的一生。"

吉欧吉特·勃布朗给了"洗盘子的玛希"一个美誉，而这份美誉改造了她。

爱默生曾经说过："我所遇到的每个人都有优越于我的地方，我从他们那里能得到好处。"

赞美不但对人的感情，而且对人的理智也起着巨大的作用，所以把这句话剪下来贴在你镜子上，让它洞开你的心灵。

"我将走过这里，但是只有一次；因此，任何我可以做的好事，以及我能够对任何人表达的真诚的赞美，现在就让我做或表达出来吧。让我不要迟疑，更不可以忽视，因为我不会再走过这里。"

宽容让你美丽地生活

宽容是上天赐予我们的最美丽的生活原则，它使人类在面对宇宙的浩瀚时不再感到渺小，它使我们从此过上一种涵盖一切和关照一切的有深度的生活，“只有理解一切，才能成为一切”，宽容最终能把地狱变为美丽生活的天堂。

第二次世界大战期间，一支部队在森林中与敌军相遇，激战后两名战士与部队失去了联系。这两名战士来自同一个小镇。

两人在森林中艰难跋涉，他们互相鼓励、互相安慰。十多天过去了，仍未与部队联系上。这一天，他们打死了一只鹿，依靠鹿肉又艰难度过了几天，可也许是战争使动物四散奔逃或被杀光。这以后他们再也没看到过任何动物。他们仅剩下的一点鹿肉，背在年轻战士的身上。这一天，他们在森林中又一次与敌人相遇，经过再一次激战，他们巧妙地避开了敌人。就在自以为已经安全时，只听一声枪响，走在前面的年轻战士中了一枪——幸亏伤在肩膀上！后面的士兵惶恐地跑了过来，他害怕得语无伦次，抱着战友的身体泪流不止，并赶快把自己的衬衣撕下包扎战友的伤口。

> 以恨对恨，恨永远存在；以爱对恨，恨自然消失。
>
> ——（古印度）释迦牟尼

晚上，未受伤的士兵一直念叨着母亲的名字，两眼直勾勾的。他们都以为他们熬不过这一关了，尽管饥饿难忍，可他们谁也没动身边的鹿肉。天知道他们是怎么度过的那一夜。第二天，部队救出了他们。

事隔30年，那位受伤的战士安德森说：“我知道谁开的那一枪，他就是我的战友。当时在他抱住我时，我碰到他发热的枪管。我怎么也不明白，他为什么对我开枪？但当晚我就宽容了他。我知道他想独吞我身上的鹿肉，我也知道他想为了母亲而活下来。此后30年，我假装根本不知道此事，也从不提及。战争太残酷了，他母亲还是没有等到他回来，我和他一起祭奠了老人家。那一天，他跪下来，请求我原谅他，我没让他说下去。我们又做了几十年的朋友，我宽容了他。”

耶稣劝导世人“爱你的敌人”，让我们尽量相信，每一个有坏处的人都有他值得人同情和原谅的地方，宽恕别人所不能宽恕的，是一种最高贵的行为。

【宽容使你获得心灵上的自由】

阿拉伯名作家阿里，有一次和吉伯、马沙两位朋友一起旅行。3人行经一处山谷时，马沙失足滑落，幸而吉伯拼命拉他，才将他救起。马沙于是在附近的大石头上刻下了:“某年某月某日，吉伯救了马沙一命。”3人继续走了几天，来到一处河边，吉伯跟马沙为了一件小事吵起来，吉伯一气之下打了马沙一耳光。马沙跑到沙滩上写下:“某年某月某日，吉伯打了马沙一耳光。”

当他们旅游回来之后，阿里好奇地问马沙为什么要把吉伯救他的事刻在石上，将吉伯打他的事却写在沙上？马沙回答:“我永远都感激吉伯救我，至于他打我的事，我会随着沙滩上字迹的消失，而忘得一干二净。”

记住别人对我们的恩惠，洗去我们对别人的怨恨，才不会被复仇的火焰灼伤，才能获得精神上的自由。

古希腊神话中有一位大英雄叫海格里斯。一天他走在坎坷不平的山路上，发现脚边有个袋子似的东西很碍脚，海格里斯踩了那东西一脚，谁知那东西不但没有被踩破，反而膨胀起来，加倍地扩大着。海格里斯恼羞成怒，操起一条碗口粗的木棒砸它，那东西竟然长大到把路堵死了。

正在这时，山中走出一位圣人，对海格里斯说:“朋友，快别动它，忘了它，离它远去吧！它叫仇恨袋，你不犯它，它便小如当初，你侵犯它，它就会膨胀起来，挡住你的路，与你敌对到底！”

我们在茫茫人世间，难免与别人产生误会、摩擦。如果不注意，在我们轻动仇恨之时，仇恨袋便会悄悄成长，你的心灵就会背负上报复的重负而无法获得自由。

一位画家在集市上卖画，不远处，前呼后拥地走来一位大臣的孩子，这位大臣在年轻时曾经把画家的父亲欺诈得心碎而死。这孩子在画家的作品前流连忘返，并且选中了一幅，画家却匆匆地用一块布把它遮盖住，并声称这幅画不卖。

从此以后，这孩子因为心病而变得憔悴，最后，他父亲出面了，表示愿意出一笔高价买这幅画。可是，画家宁愿把这幅画挂在自己画室的墙上，也不愿意出售。他阴沉着脸坐在画前，自言自语地说："这就是我的报复。"

每天早晨，画家都要画一幅他信奉的神像，这是他表示信仰的唯一方式。

可是现在，他觉得这些神像与他以前画的神像日渐相异。

这使他苦恼不已，他不停地找原因。忽然有一天，他惊恐地丢下手中的画，跳了起来：他刚画好的神像的眼睛，竟然是那大臣的眼睛，而嘴唇也是那么的酷似。

他把画撕碎，并且高喊："我的报复已经回报到我的头上来了！"

报复会把一个好端端的人驱向疯狂的边缘，使你的心灵不能得到片刻安静。

有一位好莱坞女演员，失恋后，怨恨和报复心使她的面孔变得僵硬而多皱，她去找一位最有名的化妆师为她美容。这位化妆师深知她的心理状态，中肯地告诉她："你如果不消除心中的怨和恨，我敢说全世界任何美容师也无法美化你的容貌。"

能让你的心灵得到释放的唯有宽容，它能抚慰你暴躁的心绪，弥补不幸对你的伤害，让你不再纠缠于心灵毒蛇的咬噬中，从而获得自由。

宽容，意味着你不会再为他人的错误而惩罚自己。气愤和悲伤是追随心胸狭窄者的影子。生气的根源不外是异己的力量——人或事侵犯、伤害了自己，于是勃然变色，恶从胆边生；咬牙切齿，怒从心头起。凡此种种心理反应无非在惩罚自己，而且是为他人的错误！显然不值。

宽容地对待你的敌人、仇家、对手，在非原则的问题上，以大局为重，你会得到退一步海阔天空的喜悦，化干戈为玉帛的喜悦，人与人之间相互理解的喜悦。要知道你并非踽踽单行，在这个世界里，我们各自走着自己的生命之路，纷纷攘攘，难免有碰撞，所以即使心地最和善的人也难免要伤别人的心。如果冤冤相报，非但抚不平心中的创伤，而且只能将你的心永远捆绑在无休止的争吵战车上。

心灵有它自己的地盘，在那里可以把地狱变成天堂，也可以把天堂变成地狱。选择了宽容，就是选择了心灵的天堂；选择了怨恨，就会将自己的心推入万劫不复的深渊中。

【宽容使给予者和接受者都受益】

沙皇亚历山大二世骑马旅行到俄国西部。一天，他来到一家乡镇小客栈，为进一步了解民情，他决定徒步旅行。当他穿着没有任何军衔标志的平纹布衣走到了一个三岔路口时，记不清回客栈的路了。

亚历山大无意中看见有个军人站在一家旅馆门口，于是他走上去问道："朋友，你能告诉我去客栈的路吗？"

那军人叼着一只大烟斗，头一扭，高傲地把这身着平纹布衣的旅行者上下打量一番，傲慢地答道："朝右走！"

"谢谢！"亚历山大又问道，"请问离客栈还有多远?"

"一英里。"那军人生硬地说，并瞥了眼前这个陌生人一眼。

亚历山大抽身道别，刚走出几步又停住了，回来微笑着说："请原谅，我可以再问你一个问题吗？如果你允许我问的话，请问你的军衔是什么？"

军人猛吸了一口烟说："猜嘛。"

亚历山大风趣地说："中尉？"

那烟鬼的嘴唇动了下，意思是说不止中尉。

"上尉？"

烟鬼摆出一副很了不起的样子说："还要高些。"

"那么，你是少校？"

"是的！"他高傲地回答。于是，亚历山大敬佩地向他敬了礼。

少校转过身来摆出对下级说话的高贵神气，问道："假如你不介意，请问你是什么官？"

亚历山大乐呵呵地回答："你猜！"

"中尉？"

亚历山大摇头说："不是。"

"上尉？"

"也不是！"

少校走近仔细看了看说："那么你也是少校？"

亚历山大镇静地说："继续猜！"

少校取下烟斗，那副高贵的神气一下子消失了。他用十分尊敬的语气低声说："那么，你是部长或将军？"

"快猜着了。"亚历山大说。

"殿……殿下是陆军元帅吗？"少校结结巴巴地说。

亚历山大说："我的少校，再猜一次吧！"

"皇帝陛下！"少校的烟斗从手中一下掉到了地上，猛地跪在亚历山大面前，忙不迭地喊道："陛下，饶恕我！陛下，饶恕我！"

"饶你什么？朋友。"亚历山大笑着说，"你没伤害我，我向你问路，你告诉了我，我还应该谢谢你呢！"

宽恕是一个放弃的过程——放弃那些本来是虚假的，而我们却以为是真实的东西。它可以用积极的力量去取代那些不够积极的东西。例如，用爱去取代不够友爱的行为。一旦我们对他人显示出宽恕的态度，我们就是在从头脑中扫除那些徒劳无益的念头，这样，我们就能全身心地投入到历久弥新的生活中去。

我们做到了宽恕他人的冒犯，放弃对某个人、某件事的评判，然后，我们就努力忘掉它！忘记的价值——就其实在的意义上说——在于有利于我们去获取。其实，最大的伤害莫过于我们对曾经有过的伤害牢记不忘。当我们再一次记起曾经遇到过的伤害或磨难，这等于我们又受到了一次伤害。倘若我们用积极的记忆去替代那些消极的记忆，这样的伤害就会逐渐得到治愈。一个攥紧的拳头是什么也不会得到的。只有松开拳头，我们才显示出接受的态度，才会有所收获。

紧紧抓住过去受到的伤害不放，只能给双方都带来悲痛。要认识到这一点，可能需要一定的时间。被认为是引起问题的人，可能感到自己受到排斥或辱骂。坚持认为不公平的一方常常会长期被痛苦所折磨，并且使问题永远存在。乔治·赫伯特说："不能宽容的人损坏了他自己必须经过的桥。"这句话的智慧在于，宽容使给予者和接受者都受益。当真正的宽容产生时，没有疮疤留下，没有伤害，没有复仇的念头，只有愈合。宽容是一种医治的力量。宽容不仅能医治被宽容者的缺陷，还可以挖掘出宽容者身上的伟大之处，正如美国作家哈伯德所说："宽容和受宽容的难以言喻的快乐，是连神明都会为之羡慕的极大乐事。"

【宽容是人生的深度】

北美原始森林里，有一种灰熊。当它被猎人布设的力紧齿锐的夹子夹住后，它会用尖锐的牙齿啃断自己的爪骨。之后，便遁躲起来，用舌舔自己的伤。

有一种解释：熊是在伺机报复。它在等待猎人出现，而后去攻击他，以报残爪之仇。而当地的猎人说，熊根本没有报复的念头。受伤后，熊只记着：残了，也要好好活下去！

灰熊之所以残了也要好好活着，应该是源于它对猎人的宽容。这样一种视角，作家梁晓声先生的话就能定位：即使你是一头熊，也只有四只爪子。如果被夹掉一只又被夹掉一只，报复和宽容实际上对你都没有区别了。

纷纭的世界，我们无法拒绝被伤害。有时，甚至眼睁睁看着智慧被夺走，成就被贬低，爱情被摧折……屡屡遭遇锱铢必较的烦扰，争奇斗巧的排斥，以及阴险的谋算，我们的努力与真诚换回的可能仅是一地破碎。

人活在世上，不能不在乎某些东西。于是，伤害过我们的人，你就用甚至几倍的伤害伎俩重创他们。心理得以平衡之后，有一天你又被伤害，你又去报复。周而复始，我们终日被报复充斥，成了报复的囚徒。苍白了信仰，空虚了精神，丢掉了理想，可惜了美德，得到的只是伤害。

遭遇排挤伤害时，我们不妨做一只大度的熊；残了，也要宽容地活下去！关掉自己的刺激点，宽容地忍受，轻蔑置之。甚至，连目光也不瞥过去。

疼痛之中，问一问自己：我凭什么就不可以被伤害？

而后，宽容地活着。

这是我们唯一能做的。

真正的宽容不是摆设与表演，也不是退却与懦弱，它是生命中的大海，即使沉默着，也有涵盖一切和关照一切的深度。从宽大平和之中认识这世界的可爱和可颂之处，才不辜负这难得的一生。

世事本不完美，人生当有不足

“美”这个字眼天生就伴随着缺憾，追求完美是人类的正常渴求，也是人类的最大悲哀。世界万物皆不完美，然而人类却在追求完美的驱使下为自己编造起一层又一层的茧，最后死于这重重的包裹下。“完美”实在是生命中所无法承受的重量，一旦你背负着它上路，你将最终死于绝望。

在远方的一个城市里，来了一个老人。

这老人一看便知是来自远地的旅人，他背着一个破旧不堪的包袱，他的脸上布满了风霜，他的鞋子因为长期的行走，破了好几个洞。

老人的外表虽然狼狈，却有着一双炯炯有神的眼睛，不论是行走或躺卧，他总是仔细而专注地观察着来来往往的人。

老人的外貌与双眼组合成了一个极不统一的画面，吸引了所有人的目光，人们窃窃私语：这不是一个普通的旅人，他一定是一个特殊的寻找者。

> 世间的活动，缺点虽多，但仍是美好的。
>
> ——（法）罗丹

但是，老人到底在寻找什么呢？

一些好奇的年轻人忍不住问他：“您究竟在寻找什么呢？”

老人说：“我像你们这个年纪的时候，就发誓要寻找到一个完美的女人，娶她为妻。于是我从自己的家乡开始寻找，一个城市又一个城市，一个村落又一个村落，但一直到现在都没有找到一个完美的女人。”

“您找了多长时间呢？”一个年轻人问道。

“找了 60 多年了。”老人说。

“难道60多年来都没有找到过完美的女人吗？会不会这个世界上根本就没有完美的女人呢？那您不是找到死也找不到吗？”

“有的！这个世界上真的有完美的女人，我在30年前曾经找到过。”老人斩钉截铁地说。

“那么，您为什么不娶她为妻呢？”

“在30年前的一个清晨，我真的遇到了一个最完美的女人，她的身上散发出的非凡的光彩，就好像仙女下凡一般，她温柔而善解人意，她细腻而体贴，她善良而纯净，她天真而庄严，她……”

老人边说，边陷入深深的回忆里。

年轻人更着急了：“那么，您为何不娶她为妻呢？”

老人忧伤地流下眼泪：“我立刻就向她求婚了，但是她不肯嫁给我。”

“为什么？为什么？”

“因为，因为她也在寻找这个世界上最完美的男人呀！”

许多人就像这位老人一样，终身都在寻找一位最完美的伴侣，寻找一份完美的工作，寻找一种完美的生活，然后日子就在这种寻找中如白驹过隙般流走了。完美是一座心中的宝塔，你可以在内心中向往它、塑造它、赞美它，但你切不可把它当作一种现实存在，这样只会使你陷入无法自拔的矛盾之中。

【不完美是客观存在的】

著名的音乐家托马斯·杰斐逊其貌不扬，他在向妻子玛莎求婚时，还有两位情敌也在追求玛莎。

一个星期天，杰斐逊的两个情敌在玛莎的家门口碰上了。于是，他们准备联合起来羞辱杰斐逊。可是，这时门里传来优美的小提琴声，还有一个甜美的声音在伴唱。

如水的声乐在房屋周遭流淌着，两个情敌此时竟然没有勇气去推玛莎家的门，他们心照不宣地走了，再也没有回来过。

上天对谁都是公平的，它赐给了音乐家才华，就不再赐给他容貌，可是其貌不扬又如何呢？

重要的是你能发现自己的价值，绽放出自己的光芒。

世界并不完美，人生当有不足。没有遗憾的过去无法链接人生。对于每个人来讲，不完美是客观存在的，无需怨天尤人。

智者再优秀也有缺点，愚者再愚蠢也有优点。对人多做正面评估，不以放大镜去看缺点，生活中对己宽、对人严的做法，必遭别人唾弃。避免以完美主义的眼光，去观察每一个人，而要以宽容之心包容其缺点。责难之心少有，宽容之心多些。

完美主义的人表面上很自负，内心深处却很自卑。因为他很少看到优点，总是关注缺点。如果总是不知足，很少肯定自己，自己就很少有机会获得信心，当然会自卑了。不知足就不快乐，痛苦就常常跟随着他，周围的人也会不快乐。学会欣赏别人和欣赏自己是很重要的，这是使人更进一步实现下一个目标的基石。

缺陷和不足是人人都有的，但是作为独立的个体，你要相信，你有许多与众不同的甚至优于别人的地方，你要用自己特有的形象装点这个丰富多彩的世界。

人无完人，金无足赤。没有一个人是完美无瑕的，难道有缺点和不足就注定要悲哀，要默默无闻，无法成就大事吗？其实，只要你把“缺陷、不足”这块堵在心口上的石头放下来，别过分地去关注它，它也就不会成为你的障碍。假如你善于利用你那已无法改变的缺陷、不足，那么，你将成为一个有价值的人。

不要因为不完美而恨自己，你有很多的朋友，他们没有一个是十全十美的。那些伪装完美、追求完美的人，其实正在拿自己一生的幸福开玩笑。

世界上一切完美都是有缺憾的，正视这一点，正是直面人生的开始。

【苛求完美会挣断你人生的琴弦】

一个人有一张出色的由檀木做成的弓。他非常珍惜这张弓——它射箭又远又准。

有一次，这个人一边观察一边想：还是有些笨重，外观也无特色，请艺术家在弓上雕一些图画就好了。于是他请艺术家在弓上雕了一幅完整的行猎图。

这个人拿着这张完美的弓心中充满了喜悦。“你终于变得完美了，我亲爱的弓！”

这个人一面想着，一面拉紧了弓，这时，弓“咔”的一声断了。

人生就像这个人手中的弓，追求完美唯一的结果就是让人生毁于一旦。

有一个人非常热衷于登山，他有幸加入了攀登珠穆朗玛峰的活动。到了7800米的高度时，他支持不住了，便停了下来。当他回去讲起这段经历时，大家都替他惋惜：为什么不再坚持一下呢？再往上攀一点点，就能爬到顶峰了！

“不，我最清楚，7800米的海拔是我登山生涯的极限，我不会为此感到遗憾的。”他很平淡地说。

这个人是明智的。他了解自己的能力，没有为了追求完美而勉强自己，所以能够平安归来。而那些追求完美的人，往往都在还没有衡量清楚自己的能力、兴趣之前，便一头栽在一个过于高远的目标里，每天受着辛苦和疲惫的折磨。他们希望获得他人的掌声和赞美，博得别人的羡慕，为此，便将自己推向完美的边界，做什么事都要尽善尽美。久而久之，生活便成了负担，工作当然也毫无乐趣可言。

我们都应该认识到自己的不完美。全世界最出色的足球选手，10次传球，也有4次失误；最棒的股票投资专家，也有马失前蹄的时候。既然连最优秀的人做自己最擅长的工作都不能尽善尽美，那么一个普通的人有失误又有什么不能原谅的呢？

只要你知道这世界上没有什么会达到“完美”的境地，你就不必设定荒谬的完美标准来为难自己。你只要尽自己最大的努力去干好每件事，就已经是很大的成功了。

从前有一位画家，想画出一幅人人都喜欢的画。经过几个月的辛苦工作，他把画好的作品拿到市场上去，在画旁放了一支笔，并附上说明：亲爱的朋友，如果你认为这幅画哪里有欠佳之笔，请在画中标上记号。

晚上，画家取回画时，发现整个画面都涂满了记号——没有一笔一画不被指责。画家心中十分不快，对自己的画技深感失望。他决定换一种方法再去试试，于是他又摹了一张同样的画到市场上展出。可这一次，他要求每位观赏者将其最为欣赏的妙笔都标上记号。结果是，一切被指责过的地方，如今全又换上了赞美的标记。

最后，画家不无感慨地说：“我现在终于明白了，无论自己做什么，只要使一部分人满意就足够了。因为，在有些人看来是丑的东西，在另一些人的眼里恰恰是美好的。”

在人生中，你绝对不可能让所有人都满意，绝对不可能达到至善至美的境界。完美往往只会成为人生的负担，人绷紧了完美的弦，它却可能发不出音来。

【追求完美使你止于等待】

完美主义者在做任何事情之前，都不能克服自己追求完美的痴情与冲动。他们想把事情做到尽善尽美，这当然是可取的，但他们在做一件事情之前，总是想使客观条件和自己的能力也达到尽善尽美的完美程度然后才去做。因此，这些人的人生始终处于一种等待的状态之中。他们没有做成事情不是他们不想去做，而是因为他们一直等待所有的条件成熟才没有做，结果就在等待完美中度过了自己不够完美的人生。

一位胆小如鼠的骑士将要进行一次远途旅行。

他竭尽所能准备好应付旅途中可能遇到的各种问题。他带了一把宝剑和一副盔甲，为的是对付他遇到的敌手；一大瓶药膏，为防止太阳晒伤皮肤或被藤条剐伤皮肤，一把斧子，用来砍木柴；一顶帐篷、一条毯子、锅和盘子以及喂马的草料。

他终于上路了——丁丁，当当，咕咕，咚咚，好像一座难以移动的废物堆。

当他走到一座破木桥的中间时，桥板突然塌陷，他和他的马都掉入河中，淹死了。临死前那一刻，他很懊悔，他忘了带一个救生筏。

世界上根本没有一次完全准备好的旅途。等你全部准备好了，恐怕事情本身已经没有任何意义。一个人要想永远立于不败之地，光有细致周全的计划是不够的，还必须敢于在一次又一次的挑战中战胜自己，这种挑战就包含战胜自己对完美的追求心。

韦伯快 40 岁了，他最大心愿就是早点结婚，过上充满爱情的甜蜜生活。不久，他终于找到了一个梦寐以求的好女孩，她端庄大方、聪明漂亮又体贴。但是，韦伯还要证明这件事是否十全十美，有一天晚上，当他们讨论婚姻大事时，新娘无意中说了几句坦白的话，韦伯听了有点懊恼。

为了确定他是否已经找到理想的对象，韦伯绞尽脑汁写了一份长达4页的婚约，要女友签字同意以后才结婚。这份文件整齐而又漂亮，看起来冠冕堂皇，内容包括他能想象到的每一个生活细节。其中一部分是关于宗教方面的，里面提到了上教堂的次数，每一次奉献金的多少；另一部分与孩子有关，提到他们一共要生几个小孩，在什么时候生。

他把他们未来的朋友、他太太的职业、将来住在哪里等等，都不厌其烦地事先计划好了。在文中末尾又用了半页篇幅，详列女方必须戒除或必须养成的习惯，例如抽烟、喝酒、化妆、娱乐等等。

准新娘看完这份文件，勃然大怒。她不但把它退回，又附了一张便条，上面写道："普通婚约上有'有福同享，有难同当'这一条，对任何人都适用，当然对我也适用。我们从此一刀两断！"

于是，韦伯重又开始了他等待新娘的人生。

电影《心灵补白》中有一句经典对白："这个世界上没有完美的人，你不完美，我不完美，重要的是我们能否完美地走到一起。"其实，在茫茫宇宙中，有哪一种生命、哪一种创造是完美的？在人生的旅途中，我们读出完美，宛如吉普赛人从沉入杯底的咖啡渣中读出幻想，沉溺于此，我们只能永远呆坐在时间的岸边，做一名旁观者。

扫码获取更多资源

呵护别人的自尊心

一个善良、伟大的心灵在懂得尊重自己时，更懂得珍惜他人的情感，呵护他人的自尊心。

20年前的某日黄昏，有一名看似大学生的男孩徘徊在台北街头的一家自助餐店前，等到吃饭的客人大致都离开了，他才面带羞赧地走进店里。

“请给我一碗白饭，谢谢！”男孩低着头说。

店内刚创业的年轻老板夫妻，见他没有选菜，一阵纳闷，却也没有多问，立刻就盛了满满一碗的白饭递给他。男孩付钱的同时，不好意思地说了一句：“我可以在饭上淋点菜汤吗？”

老板娘笑着回答：“没关系，你尽管用，不要钱！”

男孩吃饭吃到一半，想到淋菜汤不必付钱，于是又多叫了一碗。“一碗不够是吗？我这次再给你盛多一点！”老板很热情地响应。

> 自尊心是一个膨胀的气球，戳上一针就会发出大风暴来。
>
> ——（法）伏尔泰

“不是的，我要拿回去装在便当盒里，明天带到学校当午餐！”

老板听了，在心里猜想，男孩可能来自南部乡下经济环境不是很好的家庭，为了不放弃读书的机会，独自一人北上求学，甚至可能半工半读，处境的困难可想而知。于是，悄悄在餐盒的底部先放入店里的招牌菜肉糟一大匙，还加了一枚卤蛋，最后才将白饭满满覆盖上去，乍看之下，以为就只是白饭而已。

“谢谢，我吃饱了，再见！”男孩起身离开。

当他拿到沉甸甸的餐盒时，不禁回头望了老板夫妻一眼。

“要加油喔！明天见！”老板向男孩挥手致意，话语中透露出请男孩明天再来店里用餐的意思。

男孩眼中泛起泪光，却没有让老板夫妻看见。从此，男孩除了连续假日以外，几乎每天黄昏都会来，同样在店里吃一碗白饭，再外带一碗走，当然，带走的那一碗白饭底下，每天都藏着不一样的秘密。直到男孩毕业，往后的20年里，这家自助餐店就再也不曾出现过男孩的身影了。

某一天，将近50岁的自助餐店老板夫妻，接到市政府强制拆除违章建筑店面的通告。中年失业，平日储蓄又都给了儿子在国外攻读学位，想到生活从此无依，经济陷入困境，夫妇俩不禁在店里抱头痛哭起来。就在这个时候，一位身穿名牌西装，像是大公司经理的人物突然来访。

“你们好，我是某大企业的副总经理，我们总经理命我前来，希望能请你们在我们即将要启用的办公大楼里开自助餐厅，一切的设备与食材均由公司出资准备，你们仅须带领厨师负责菜肴的烹煮，至于盈利的部分，你们和公司各占一半！”

“你们公司的总经理是谁？为什么要对我们这么好？我们不记得认识这么高贵的人物！”老板夫妻一脸疑惑。

“你们夫妻是我们总经理的大恩人兼好朋友，总经理尤其喜欢吃你们店里的卤蛋和肉糟，我就只知道这么多。其他的，等你们见了面再谈吧！”

终于，那每次用餐只叫一碗白饭的男孩，再度现身了。经过20年艰辛的创业，男孩成功地建立了自己的事业王国，眼前这一切，全都感谢自助餐老板夫妻的鼓励与暗助，否则，他当初根本无法顺利完成学业。话过往事，老板夫妻打算告辞，总经理起身对他们深深一鞠躬并恭敬地说：“加油喔！公司以后还需要你们帮忙，明天见！”

真正善良不只是懂得如何帮助别人，更懂得如何呵护别人的自尊心，这才是一种最大的善举。因为施舍人人都可以做到，照顾别人的自尊心的施舍却显得更高一筹。这才是一种高贵的施舍。

【给别人找个台阶下】

一位审定合格的会计师马歇·葛伦杰说："解聘别人并不有趣，被人解雇更是没趣。我们的业务具有季节性，所以，在所得税申报热潮过了之后，我们得让许多人走人。我们这一行有句笑话：没有人喜欢挥动斧头。因此，大家变得麻木不仁，只希望事情赶快过去就好。通常，例行谈话是这样的：'请坐，史密斯先生。旺季已经过去了，我们已没什么工作可以给你做。当然，你也清楚我们只是在旺季的时候雇用你，因此……'

"这种谈话会让当事人失望，而且有种损及尊严的感觉。所以，除非不得已，我绝不轻言解雇他人，而且会婉转地告诉他：'史密斯先生，你的工作做得很好（如果他是做得很好）。上次我们要你去纽瓦克，那工作很麻烦，而你处理得很好，一点也没有出差错，我们要你知道，公司十分以你为荣，也相信你的能力，愿意永远支持你，希望你别忘了这些。'结果如何？被遣散的人觉得好过多了，至少不觉得'损及尊严'。他们知道，假如我们有工作的话，还是会继续留他们做的。或是等我们又需要他们的时候，他们还是很乐意再回来。"

一句或两句体谅的话，都可以给别人找个台阶下，呵护了别人的自尊心，也就是帮助了自己。

在滑铁卢战役中大败拿破仑的英军元帅惠灵顿凯旋返回伦敦时，英国举办了一个相当隆重而盛大的庆祝宴会，不仅所有的士兵都参加了，而且还有许多名流和各阶层的人士。

晚宴开始，宾客落座，每人座前置一碗清水。这时候，竟有一位士兵端起清水喝了起来。所有的贵宾都窃笑不已。这个士兵不知自己为什么会被人取笑，整个脸都涨红了。

其实这碗清水是餐前洗手用的，士兵不懂得这一礼节，这才闹出了笑话。

这时，元帅端起清水："各位，这位英勇的士兵在战斗中曾被围困在荒山，七天没喝到水。让我们用这碗清水来敬他一杯！"

宾客一听这话，不由得对那名士兵肃然起敬，士兵才从紧张的气氛中缓和过来。

假如你是对的，别人绝对是错的，你也会因为让别人丢脸而毁了他的自我。

传奇性的法国飞行先锋和作家安托安娜·德·对苏荷依写过：“我没有权利去做或说任何事以贬抑一个人的自尊。重要的并不是我觉得他怎么样，而是他觉得他自己如何，伤害人的自尊是一种罪过。”

很多时候帮别人摆脱了难堪，你就会因此而备受尊敬和感激，如果你能在别人遭遇尴尬中，巧妙地为其化解难堪，这样于人于己都有好处。所以，怎样为别人打圆场，怎样呵护自尊心是一把十分有用的交际钥匙。

【不要随便命令别人】

每个人的心灵都是一个世界，在那里，他们都有强烈的“自我意识”存在着，而当你对别人发出颐指气使的号令时，你就触犯了别人心中最重要的感觉。

著名的资深传记作家伊达·塔贝在写《欧文·杨传》的时候，曾和一位与杨先生共事三年的人谈话。这位先生宣称，他从未听过杨指使别人——他只是建议，不是命令。譬如，欧文·杨不会说“别这么做，别那么做”或“去干这个，干那个”，他只会说“你可以考虑这样”或“你觉得那样有用吗”。他常常在口授一封信之后说：“你觉得这样如何？”在接过助手写的信之后，他会说：“也许这样写比较好些。”他不教助手做什么，而让他们自己去做，让他们自己在错误中学习。

这种办法不会损伤他人的“自我意识”，容易让一个人改变自己原有的观点，保持个人的自尊心，给他人一种自重感，这样他就会与你保持合作，而不是对抗。

无礼的命令只会导致长久的怨仇——即使这个命令可以用来改正他人明显的错误。

美国有位教师丹·桑塔雷利讲述了这样一件事：

有个学生把车子停在不该停的地方，挡住了别人的通道。有个老师冲进教室很不客气地问：

“是谁的车子挡住了通道？”等车主人回答之后，这位老师恶声说道：“马上把车子移开，否则我叫人把车子拖走。”

这个学生是犯了错，车子是不该停在那里，但是，从那天开始，不只那个学生对老师心怀不满，甚至别的学生也常常故意捣蛋，使那位老师没好日子过。

如果这位老师换一种方式处理，结果如何？他如果心平气和地问："谁的车挡住了通道？"然后建议这位学生移开车子好方便别人进出，相信这个学生会很乐意这么做，也不致引起其他学生的公愤。

谁都讨厌被人命令，受人指使，因为这样会让人觉得自己的"自我意识"受了伤害，"伤了自尊"。即使是你的孩子也是如此。"小强，别整天只顾着玩，快去复习功课！"虽然他嘴上说："知道了。"却总是磨磨蹭蹭地不见行动。你在酒店里对服务员说："喂，拿壶水来。"他可能会答道："好的。"却迟迟不见水送上来。不管是谁，心理都会有潜在的反抗意识。本来想去做的，但一经人命令，整个的情绪就会变得恶劣，而且想反抗。所以，切勿以命令的口吻说话，你不妨加一个"请"字，或是说"麻烦你……"情形就大不一样了。

在影响一个人的内心世界时不应挫败他们心灵中最敏感的一个角落——人的自尊心，像捍卫你的荣誉一样去捍卫别人的自尊心，你将要走上去的旅途才会鲜花锦簇，你的人生才不会孤独。

以平常心缓解人生的起伏

人的一生，或多或少总是难免有浮沉，不会永远如旭日东升，也不会永远痛苦潦倒。面对人生的起伏，真正的高手都是那些能以平常心牢牢地驾驭人生这匹烈马的人。平常心是一个人心灵中最美丽的地盘，因为它是最上乘的人生哲学，是一种生活艺术。拥有这颗心的人能够“像一个凡人那样活着，像一个诗人那样体验，像一个哲人那样思考”。

【平常心是生命盛开的鲜花】

世界就像座城堡，城里的人想逃出来，城外的人想冲进去。身居繁华都市的人，往往追求悠闲平静的田园生活；身在林河竹海的乡人，却向往灯红酒绿的都市生活。

其实，平静是福，真正生活在喧嚣吵闹的都市中的人们，可能更懂得平静的弥足珍贵。与平静的生活相比，追逐名利的生活是多么不值得一提。平静的生活是在真理的海洋中，在波涛之下，不受风暴的侵扰，保持永恒的安宁。

> 菩提本无树，明镜亦非台；本来无一物，何处惹尘埃。
>
> ——（中国）五祖慧能

心灵的平静是智慧美丽的珍宝，它来自于长期、耐心的自我控制。心灵的安宁意味着一种成熟的经历以及对于事物规律的不同寻常的了解。

许多人整日被自己的欲望所驱使，好像胸中燃烧着熊熊烈火一样。一旦受到挫折，一旦得不到满足，便好似掉入寒冷的冰窖中一般。生命如此大喜大悲，哪里有平静可言？人们因为毫无节制的狂热而骚动不安，因为不加控制欲望而浮沉波动。只有明智之人，才能够控制和引导自己的思想与行为，才能够控制心灵所经历的风风雨雨。

是的，环境影响心态。快节奏的生活，无节制的对环境的污染和破坏以及令人难以承受的噪声等等都让人难以平静，环境的搅拌机随时都在把人们心中的平静撕个粉碎，让人遭受浮躁、烦恼之苦。然而，生命的本身是宁静的，只有内心不为外物所惑，不为环境所扰，才能做到像陶渊明那样身在闹市而无车马之喧，正所谓“心远地自偏”。

平常心是一种心态，是生命盛开的鲜花，是灵魂成熟的果实。平常在心，在于修身养性，平静便无处不在。只要有一颗看淡荣辱之心，追求自然者，便能心胸开阔，不被诱惑，坦荡自然。

【凡事能做成，无不在心境】

在熙熙攘攘的尘世中，人们为自己寻找着退避之所：乡间、海边、山上的房子。我们也一定非常希望得到这样的房子，殊不知还有一种更佳的退避之法，那就是无论何时你想退避独处时，其力量是在你们自己手里。一个人想退到更宁静、更能免于困扰的地方，莫过于退入自己的灵魂之中，特别是沉浸在平静无比的思维里。

我们每一个人心里都需要有一间恬静的房子，像是海洋深处不受干扰的安静中心，无视海面兴起的惊涛骇浪。内心的恬静房子，是用想象力建造而成的，它就像消除心理压力的一间厢房一样，能消除我们的忧虑与压力，使我们精神焕发，从而更充分地准备应付未来发生的事情。

相信每一个人的内心都有一个恬静的中心，从不受外界的影响，像轮轴的中心点一样，永远保持固定不动。我们所要做的，就是去发掘这个内心安静的中心点，并且定期地退到里面去休息、静养、重整活力。

进入这个宁静中心的最好方法，是用想象力建造一间心理的小房间，用我们最恬静、最清新的一切材料来装潢它：或是美丽的风景，如果我们喜欢绘画；或是一册我们喜爱的小诗，如果我们喜欢诗歌。墙上的颜色是我们所喜欢、愉悦的颜色，但是应该选择宁静色彩的淡蓝色、浅绿、黄色、金色。

这间厢房的装潢要简洁而不纷乱；要干净且井然有序。简单、安静、美丽是三个主要的方针。这间厢房要有安乐椅，从小窗望出去可以看到美丽的海滩，可以看到拍击海滩又退回去的海浪，但是我们听不到声音，因为我们的房间很静。而有了这间房子，我们无论做什么事，都能找到灵魂的皈依。

三伏天，禅院的草地枯黄了一大片。

“快撒些草籽吧，好难看啊。”徒弟说。

“等天凉了，”师父挥挥手，“随时。”

中秋，师父买了一大包草籽，叫弟子去播种。

秋风突起，草籽飘舞，“不好，许多草籽被吹飞了。”小和尚喊。“没关系，吹去者多半中空。撒下也不会发芽，”师父说，“随性。”

撒完草籽，几只小鸟即来啄食，小和尚又急。

“没关系，草籽本就多准备了，吃不完，”师父继续翻着经书，“随遇。”

半夜一阵大雨，徒弟冲进禅房：“这下完了，草籽被冲走了。”

“冲到哪儿，就在哪儿发芽，”师父正在打坐，眼皮都没有抬，“随缘。”

半个多月过去了，光秃秃的禅院长出青苗，一些未播种之院角也泛出绿意，徒弟高兴得直拍手。

师父负手站在禅房前，点点头说：“随喜。”

禅师的这份平常心，看似随意，其实却是洞察了世间玄机后的豁然开朗。为什么我们在心境上会反复振荡于浮躁、得意、狂喜、傲慢、迷茫、不安、沮丧、焦虑、恐惧甚至绝望之间？恐怕是因为当我们还是一张白纸时，被灌输了过于狭隘的价值观，树立了急功近利的思想导向。

怀雄心壮志，当然能做事；但怀平常心，有时能把事做得更多更好，因为他心无滞碍，自然能发挥出全部潜力。

如果一个人，真的能放下急功近利的浮躁，顺应自然之道，以关心服务他人为己任，认认真真地做好力所能及的事，抱着互惠互利的原则与周边环境协调发展，而不是片面地急于从别人那里索取利益和关注，他还会在快速多变的竞争环境中动辄患得患失，以致如秋雨中瑟缩的叶子般宠辱“皆”惊，阵脚纷乱吗？

【宠辱不惊，水过无痕是生活的上乘哲学】

平常心贵在平常，波澜不惊，生死不畏，于无声处听惊雷。因为胸括万殊，生活永不枯燥；利不能诱，邪不可干，心能昭日月。一身正气，两袖清风，上不负天，下无愧人，桓魋其奈我何？旦夕祸福，知天达命，不违自然。悲悯众生，利益众人，却能明哲保身。我不病，谁能病我？绝不用别人的错误，来惩罚自己。做了好事，却不得好报，亦不懊恼；从最平常的事物中发现至真至美。天要下雨，娘要嫁人，随他去吧。君子坦荡荡，小人长戚戚，得意能几时？无端欺我，是他有病，我无恙也。知苦不苦，识甜愈甜，是中有真意也。

干少得多，心亏难补；干多得少，才有贡献。

平常心是一种超脱眼前得失的清静心、光明心。贫贱不能移，富贵不能淫，威武不能屈。安贫乐富，富亦有道。下岗失业，死地后生。从失意处觅希望，从万全处见危机。猝然临之而不惊，无故加之而不怒。常思人之美，不以一眚掩大德；常思己之过，医好心病心生乐。即使"学富五车""才华横溢"，也不冒充"百事通"，不替后人做定论，把一些尚无定论的未知现象言之凿凿地死定为"伪科学"。即使有大功德，大"神通"，也不"飘飘欲仙"，以为"得道"，以为"成佛"。即使得了大奖，中了头彩，心潮也不怎么"澎湃"、鼓噪。得到一点"性光"，看见些许景象，也不沾沾自喜，四处张扬。即使癌魔来袭，顽疾加身，也不怨天尤人，仍在顽强拼搏。特异功能，实不"特异"，批它何来？天下之大，无奇不有，掌握真理，包容宇宙，却惧怕几个小小异能？滴水之恩，报以涌泉；施恩求报，是生意之人。

平常心，实不平常。事事平常，事事也不平常。

无论处于何种环境下，都能拥有平常心，那一定是个了不起的人，就如孔子所赞美的，不是个圣人，也是个贤人。只要我们努力，是能够以平常心去对待纷杂的世事和漫长的人生的，至少也能够做到以平常心跨越人生的障碍。

与其说平常心是一种心态，不如说是一种静美的人生哲学。一切大智慧、一切摆脱烦恼的秘径原本不在大风大浪中，也不在沧桑变迁间，只在日常生活里。禅宗的至上境界是开悟后方才明白"历经千山万水，原来只隔条溪"。

学会弯曲是成熟的一种标志

有人活着没有任何目标，他们在世间行走，就像河中的一棵小草，他们不是行走，而是随波逐流，而有的人活着只有一个目标，他们不能忍受生命的箭发生任何偏离，最后的结果是他们射出的箭永远只是追逐着那躲避它的目标，他们做了很多事情，却依然没能在时间的沙滩上留下自己的足迹。

两个贫苦的樵夫靠上山捡柴糊口。有一天，他们在山里发现两大包棉花，两人喜出望外。棉花的价格高过柴薪数倍。将这两包棉花卖掉，可供家人一个月衣食丰足。当下，两个各自背了一包棉花，赶路回家。

走着走着，其中一名樵夫眼尖，看到山路有一大捆布。走近细看，竟是上等的细麻布，有十多匹。他欣喜之余，和同伴商量，一同放下肩负的棉花，改背麻布回家。

他的同伴却有不同的想法，认为自己背着棉花已走了一大段路，到了这里丢下棉花，岂不枉费自己先前的辛苦？坚持不换麻布。先前发现麻布的樵夫屡劝同伴不听，只得自己竭尽所能地背起麻布，继续前行。

> 人生就是行动、斗争和发展，因而不可能有什么固定不变的目标。
>
> ——（美）富兰克林·梯利

又走了一段路后，背麻布的樵夫望见林中闪闪发光，待走近一看，地上竟然散落着数坛黄金，心想这下真的发财了。赶忙邀同伴放下肩头的棉花，改用挑柴的扁担来挑黄金。

同伴仍是不愿丢下棉花，并且怀疑那些黄金不是真的，劝发现黄金的樵夫不要白费力气，免得到头来一场空欢喜。

发现黄金的樵夫只好自己挑了两坛黄金和背棉花的伙伴赶路回家。走到山下时，无缘无故下了一场大雨，两人在空旷处被淋了个湿透。更不幸的是，背棉花的樵夫肩上的大包棉花吸饱了雨水，重得无法再背得动，那樵夫不得已，只能丢下一路辛苦舍不得放弃的棉花，空着手和挑黄金的同伴回家去。

没有追求的人生是乏味的，但当一个人向着他所追求的目标迈进的时候，如果将眼睛只盯在这个目标上，注定会错过生命中的美丽。

【不能只凭一套哲学生存】

有一条河流从遥远的高山上流下来，经过了很多个村庄与森林，最后它来到了一个沙漠。它想："我已经越过了重重的障碍，这次应该也可以越过这个沙漠吧！"当它决定越过这个沙漠的时候，它发现它的河水渐渐消失在泥沙当中，它试了一次又一次，总是徒劳无功，于是它灰心了："也许这就是我的命运了，我永远也到不了传说中那个浩瀚的大海。"

它颓丧地自言自语。

这时候，四周响起了一阵低沉的声音："如果微风可以跨越沙漠，那么河流也可以。"原来这是沙漠发出的声音。

小河流很不服气地回答说："那是因为微风可以飞过沙漠，可是我却不行。"

"因为你坚持你原来的样子，所以你永远无法跨越这个沙漠。你必须让微风带着你飞过这个沙漠，到你的目的地。你只要愿意放弃你现在的样子，让自己蒸发到微风中。"沙漠用它低沉的声音这么说。

小河流从来不知道有这样的事情，"放弃我现在的样子，然后消失在微风中？不！不！"小河流无法接受这样的概念，毕竟它从未有这样的经验，叫它放弃自己现在的样子，那不就等于是自我毁灭了吗？"我怎么知道这是真的？"小河流这么问。

"微风可以把水气包含在它之中，然后飘过沙漠，到了适当的地点，它就把这些水气释放出来，于是就变成了雨水。然后这些雨水又会形成河流，继续向前进。"沙漠很有耐心地回答。

"那我还是原来的河流吗？"小河流问。

“可以说是，也可以说不是。”沙漠回答，“不管你是一条河流还是看不见的水蒸气，你内在的本质从来没有改变。你会坚持你是一条河流，因为你从来不知道自己内在的本质。”

此时小河流的心中，隐隐约约地想起了似乎自己在变成河流之前，似乎也是由微风带着自己，飞到内陆某座高山的半山腰，然后变成雨水落下，才变成今日的河流。于是小河流终于鼓起勇气，投入微风张开的双臂，消失在微风之中，让微风带着它，奔向它生命中的归宿。

我们的生命历程往往也像小河流一样，想要跨越生命中的障碍，达成某种程度的突破，迈向未知的领域就需要有化水为风的智能与勇气。生命中总是充满着无数的未知，只凭一套生存哲学，便欲强渡人生所有的关卡是不可能的，学会变通是跨越生命障碍走向成熟的重要一步。

牛顿早年是永动机的追随者。在进行了大量的实验失败之后，他很失望，但他很明智地退出了对永动机的研究，在力学研究中投入更大的精力。最终，许多永动机的研究者默默而终，而牛顿却因摆脱了无谓的研究而在其他方面脱颖而出。

保持自己的本色，坚持自己的初衷，固然是一种执着，但人生总是充满了无数的玄机，在人生的大风浪中，我们常常要学船长的样子，在狂风暴雨之下，把笨重的货物扔掉，以减轻船的重量，而这货物有时可能恰恰就是我们最初所最珍视的东西。“宁为玉碎，不为瓦全”固然可敬，可捡起我们身边的那片瓦有时也不失为一种灵活。

【允许自己改变梦想】

从前，在一个山冈上，三棵小树站在上面，梦想长大后的光景。

第一棵小树仰望天空，看着闪闪发光的繁星愉快地梦想着：“我要承载财宝，要被黄金遮盖，载满宝石。我要成为世上最美丽的藏宝箱！”

第二棵小树低头看着流往大海的小溪。“我要成为坚固的船，”它说，“我要遨游四海，承载许多强大的国王，我将成为世上最坚固的船！”

第三棵小树看着山谷上面，以及在市镇里忙碌来往的男女：“我要长得够高大，以致人们抬头看我时，也将仰视天空，想到神的伟大。我将成为世上最高的树！”

许多年过去，经过日晒雨淋之后，小树皆已长大。

一天，伐木者们来到山上。

第一位伐木者看到第一棵树，便利斧一挥，第一棵树倒下了。“我要成为一只美丽的藏宝箱，”第一棵树想，“我将承载财富。”

第二位伐木者砍倒了第二棵树。“现在我将遨游四海，”第二棵树想，“我将成为坚固的船，承载许多君王！”

第三位伐木者根本不往上看就砍断了第三棵树，“任何树我都合用。”他自言自语地说。

当伐木者把第一棵树带到木匠房里，它很高兴，但木匠准备做的不是藏宝箱。他那粗糙的双手把第一棵树造成一个给动物喂食的料槽。

曾经美丽的树本可承载黄金或宝石，但如今它被铺上木屑，里面装着给牲畜吃的干草。

第二棵树在伐木者把它带到造船厂时发出微笑，但当天造成的不是一条坚固的大船。相反，那一度强壮的树被做成一般的简单的渔船。

这条船太小也太脆弱，甚至不适合在河流上航行，它被带到一个湖里。每天它承载的均是气味四溢的死鱼。

第三棵树被伐木者砍成一根坚固的木材，并且放在木材堆场内，它心里困惑不已。“到底是怎么一回事？”曾经高大的树自问，“我的志愿是站在高山上，指向神。”

许多昼夜过去，这三棵树都几乎忘记了它们的梦想。

一天晚上，当金色的星光倾注在第一棵树上面，一位少妇把她的婴孩放在料槽里。

“我希望能为他造一张摇床。”她的丈夫低声说。

母亲微笑着捏一捏他的手，星光照耀在那光滑坚固的木头上面。“这马槽很美。”她说。忽然，第一棵树知道它正承载着世上最大的财宝。

一天晚上，一位疲倦的旅客和他的朋友走上那旧渔船。当第二棵树安静地在湖面航行时，那旅客睡着了。

不久强烈的风暴开始袭来。小树摇撼不已，它知自己无力在风浪中承载许多人到达彼岸。

疲倦的旅人醒过来，站着向前伸手说："安静下来。"风浪顿时止住如同起初一样。忽然，第二棵树明白过来，它正承载着天地的君王。

星期五早上，第三棵树惊讶地发现它竟从被遗忘的木材堆中拉出来。它被带到一群愤怒不已的人群面前，它感到畏缩。当他们把一个男人钉在它上面时，它更是颤抖不已。

它感到丑陋、严酷、残忍。但在星期天早晨，当太阳升起，大地在它之下欢喜震动时，第三棵树知道神的爱改变了一切。

神的爱使第一棵树美丽。

神的爱使第二棵树坚强。

每次当人们想到第三棵树时，他们便想到神。这比成为世上最高大的树更好。

人生需要梦想，但并不是人生中所梦想的每一件事最后都会回归到你身上，生命不是响应你的梦想的回声器，当它不再回应你时，不必非要碰个头破血流，完全可以迂回地向它靠近，而不要让生命之箭永远追逐那逃避它的目标。

一个不在一条道上走下去的人，至少能够扩展自己的生活，而且可能生活得丰富多彩，欣赏到沿途美丽的风景，可是一个宁折不弯，非要在一棵树上吊死的人，生活就可能因太有规律、太紧张、太狭窄而走进一个逼仄的空间。

人生就是行动、斗争和发展，因而不可能有什么固定不变的目标，与其让生命之箭追逐那永远逃避它的目标，不如操控它的方向，给自己一个设计人生的自由，给生活一种充盈的弹性。

弯曲，也是一种美丽，也是一种人生的境界。

不要沉溺于对物质的追求

在人这一生中总是免不了有那么一些时刻被物欲所裹挟，急着向前走，急着想享受一切，急着要得到想得到的东西，却要到繁华落尽时才能明白，“我以为争夺到手的也就是我拱手让出的，我以为我从此得到的其实就是我从此失去的。”

有一位禁欲苦行的修道者，准备离开他所住的村庄，到无人居住的山中去隐居修行，他只带了一块布当作衣服，就一个人到山中居住了。

后来他想到当他要洗衣服的时候，他需要另外一块布来替换，于是他就下山到村庄中，向村民们乞讨一块布当作衣服，村民们都知道他是虔诚的修道者，于是毫不犹豫地就给了他一块布，当作换洗用的衣服。

当这位修道者回到山中之后，他发觉在他居住的茅屋里面有一只老鼠，常常会在他专心打坐的时候来咬他那件准备换洗的衣服，他早就发誓一生遵守不杀生的戒律，因此他不愿意去伤害那只老鼠，但是他又没有办法赶走那只老鼠，所以他回到村庄中，向村民要一只猫来饲养。

> 有不少人，他们不追求那些物质的东西，他们追求理想和真理，从而得到了内心的自由和安宁。
>
> ——（美）爱因斯坦

得到了一只猫之后，他又想到了——“猫要吃什么呢？我并不想让猫去吃老鼠，但总不能跟我一样只吃一些水果与野菜吧！”于是他又向村民要了一只乳牛，这样子那只猫就可以靠牛奶维持生命。

但是，在山中居住了一段时间以后，他发觉每天都要花很多的时间来照顾那头母牛，于是他又回到村庄中，他找到了一个单身汉，于是就带着这无家可归的单身汉到山中居住，帮他照顾乳牛。

那个单身汉在山中居住了一段时间之后，他跟修道者抱怨说："我跟你不一样，我需要一个太太，我要正常的家庭生活。"

修道者想一想也是有道理，他不能强迫别人一定要跟他一样，过着禁欲苦行的生活……

于是，故事就这样继续演变下去，到了后来，也许是半年以后，整个村庄都搬到山上去了。

修道者原本平静的生活就这样被扰乱了，生活的痛苦就从你多要的那块布、那只猫开始……

【无止境的追求物质就是无止境的丧失自由】

法国杰出的启蒙思想家卢梭认为现代人物欲太盛，他说："10岁时被点心、20岁被恋人、30岁被快乐、40岁被野心、50岁被贪婪所俘虏。人到什么时候才能只追求睿智呢？"

人心不能清静，是因为物欲太盛。人生在世，不能没有欲望。除了生存的欲望以外，人还有其他各种欲望，欲望在一定程度上是促进社会发展和自我实现的动力。可是，欲望是无止境的，尤其是现代社会物欲更具诱惑力，如果管不住自己的欲望，任它随心所欲，在行走时就会因为身背重负而寸步难行。

托尔斯泰说："欲望越小，人生就越幸福。"这句话蕴含着深邃的人生哲理，更是人生宝贵经验的写照。

"欲望越小，人生就越幸福。"这就好像一个小小的石洞，最容易被填满，而浩瀚无垠的大海却永远难以满足。以人们的习性来看，凡事莫不是越大越好，但人的欲望越大，就变得越贪婪，人生就越容易导致灾祸。古往今来，被难填的欲壑所葬送的贪婪者，多得不可计数。

从前，有一个穷人想得到一块土地，地主就对他说，你从这里往外跑，跑一段就插个旗杆，只要你在太阳落山前赶回来，插上旗杆的地都归你。那人就不要命地跑，太阳偏西了还不知足。太阳落山前，他是跑回来了，但已精疲力竭，摔个跟头就再没起来。于是有人挖了个坑，就地埋了他。牧师在给这个人做祈祷的时候说：“一个人要多少土地呢？就这么大。”

这个死者，正像《伊索寓言》里一个故事所说：“有些人因为贪婪，想得到更多的东西，却把现在所拥有的也失掉了。”

“人心不足蛇吞象。”当人们陷入对物质的无止境追求时，便会失去最高贵的一种追求——即对精神自由的占有。

有位老总在自己的名片上印上“自由人”。有人问他何故要给自己加上这么个头衔，他说：“我现在离了婚，无牵无挂，在公司里我说了算，在外面可以随心所欲。”他的话语刚落，包里的手机就响了。他掏出手机听了不大一会儿，脸色骤变，匆匆向问他的人告辞说：“有人把我告了，我得马上去工商局一趟。”其实，一个人自由不自由，不在于生活中的随心所欲，而在于能保持一种精神上的自由。这位老总虽然有权有钱，可以随心所欲，但这一切并不等于自由。

哲人说：“人的自由并不仅仅是在于做他愿意做的事，而且在于永远不做他不愿做的事。”这句话提醒人们，任何自由都是有限度的，有规则的。有了行为的不自由，才能获得精神上的真正自由。精神自由的人，大多能慎物惜缘，自甘平淡，保持一种宁静的超然心境。做起事来，不慌不忙，不躁不乱，井然有序。面对外界的各种变化不惊不惧，不愠不怒，不暴不躁。面对物质引诱，心不动，手不痒。没有小肚鸡肠带来的烦恼，没有功名利禄的拖累。活得轻松，过得自在。白天知足常乐，夜里睡觉安宁，走路感觉踏实，蓦然回首时没有遗憾。

人体的神经系统常处于一种稳定、平衡、有规律的正常状态。这才是心灵的最大舒展。我们再看看那些拒绝平淡者，他们管不住自己的物欲，有的掉了脑袋，有的当了囚犯，有的虽然侥幸没有被检举揭发出来，但他们整天心惊胆战，心理已失去了自由。

在追名逐利唯恐不及的现代社会中，一颗庸俗的心灵对物质的追求是永远没有止境的，事实上，人对精神的追求和对物质的追求都是无止境的。但是脱离了前者的后者，就只会是一种虚空、堕落，物质上无止境的追求，其结果是对精神自由的无止境的否定。

【物欲太盛终会错过生命中的美丽】

在巴拉圭有一对即将结婚的未婚夫妻，很高兴地大喊大叫、相互拥抱，因为他们中了一张“高额彩券”，奖金是 7.5 万美金。

可是，这对马上要结婚的新人在中奖后的第二天，就为了“谁该拥有这笔意外之财”而闹翻了。俩人大吵一架，并不惜撕破脸、闹上法庭。

为什么呢？因为这张彩券当时是握在未婚妻的手中，但是未婚夫则气愤地告诉法官：“那张彩券是我买的，后来她把彩券放入她的皮包内，但我也没说什么，因为她是我的未婚妻嘛！可是，她竟然这么无耻、不要脸，居然敢说彩券是她的，是她买的！”

这对未婚夫妻在公堂上大声吵闹，各说各话，丝毫不妥协、不让步，因此也让法官伤透脑筋。最后，法官下令，在尚未确定“谁是谁非”之前，发行彩券单位暂时不准发出这笔奖金！而两位原本马上要结婚的佳偶，因争夺奖券的归属而变成怨偶，双方也决定取消婚约。

有人说：“结婚，经常不是为了钱；离婚，却经常为了钱。”

很多曾经患难与共的夫妻因抵抗不了物质的诱惑而劳燕分飞，错失了人生中最美丽的东西。

根据古希腊哲学家艾皮科蒂塔的说法，哲学的精华就是：一个人生活上的快乐，应该来自尽可能减少对外来事物的依赖。罗马政治学家及哲学家塞尼加也说：“如果你一直觉得不满，那么即使你拥有了整个世界，也会觉得伤心。”这句名言让我们记住，即使我们拥有整个世界，我们一天也只能吃三餐，晚上也只能睡一张床，连一个普通的工人也可如此享受，而且他们可能比洛克菲勒吃得更津津有味，睡得更安稳。

“身外物，不奢恋”是思悟后的清醒。它不但是超越世俗的大智大勇，也是放眼未来的豁达襟怀。谁能做到这一点，谁就会活得轻松，谁就会活出美丽。

美国的亚历山大·辛得勒指出：人生的艺术，只在于进退适时，取舍得当。舍去物欲，才能幸福。因为生活本身即是一种悖论：一方面，它让我们依恋生活的馈赠；另一方面，又注定了我们对这些礼物最终的弃绝。正如先师们所说：人生一世，紧握双拳而来，平摊两手而去。

人生是如此的神奇，这神灵的土地，分分寸寸都浸润于美之中，我们当然要紧紧地抓住它。这，我们是知道的，然而这一点，又常常只是在回顾往昔的时候才为人觉察，可是当人觉察时，那美好的时光已是一去不复返了。

凋谢了的美，逝去了的爱，铭记在我们的心中。生活的馈赠是珍贵的，只是我们对此留心甚少。人生真谛的要旨之一是我们不要只为物质忙忙碌碌，以致错失掉生活中可叹、可敬之处。虔诚地恭候每一个黎明，拥抱每一个小时，抓住宝贵的每一分钟，这才不辜负生活的美丽。

执着地对待生活，紧紧地把握生活，但又不能抓得过死，松不开手。人生这枚硬币，其反面正是那悖论的另一要旨：我们必须接受“失去”，才能真正有所获得。

一座县城里，有一位老和尚，每天天蒙蒙亮的时候就开始扫地，从寺院扫到寺外，从大街扫到城外，一直扫出离城十几里。天天如此，月月如此，年年如此。

小城里的年轻人，从小就看见这个老和尚在扫地。那些做了爷爷的，从小也看见这个老和尚在扫地。老和尚虽然很老很老了，就像一株古老的松树，不见它再抽枝发芽，可也不再见衰老。

有一天老和尚坐在蒲团上，安然圆寂了，可小城里的人谁也不知道他活了多少岁。过了若干年，一位长者走过城外的一座小桥，见桥石上镌着字，字迹大都磨损，老者仔细辨认，才知道石上镌着的正是那位老和尚的传记。根据老和尚遗留的度牒记载推算，他享年 137 岁。

据说军阀孙传芳部队里有一位将军在这小城扎营时，突然起意要放下屠刀，恳求老和尚收他入佛门为弟子。这位将军丢下他的兵丁，拿着扫把，跟在老和尚的身后扫地。老和尚心中自是了然，向他唱了一首偈：

扫地扫地扫心地，

心地不扫空扫地。

人人都把心地扫，

世上无处不净地。

也许那些物欲太盛的人会讥笑这位老和尚除了扫地，还是扫地，生活太平淡、太清苦、太寂寞。其实这位老和尚就是在这与世无争的生活中，给小城扫出了一片净土，为自己扫出了心中的清净，扫出了137岁高寿，扫出了一生的平淡美。

人生绝不仅仅是一种作为生物的存活，它是一些莫测的变幻，也是一股不息的奔流。如果我们仅仅追求物质，那么我们所造就的东西将不会在世间留下任何痕迹；而用心造就的美，却并不会随我们的湮没而毁灭。我们的双手会枯萎，我们的肉体会消亡，然而我们所创造的真、善、美则将与时俱在，永存而不朽。

把你追求物质的脚步放慢，听听松间的风声，感觉那海洋起伏的呼吸，回答宇宙中所有美丽生命的呼唤。

扫码获取更多资源

冒险是这个时代的艳丽之花

美国作家桑塔亚那这样来形容冒险情结："冒险精神是荣誉的代名词，它既有阳刚之美，又有柔媚之艳，我们应该把它归于浪漫。"一个缺乏这种精神的人不仅不是浪漫的，还是一个平庸碌碌之辈。为了使你不混迹于人群，就让冒险的花儿静静开放吧。

一个小男孩将一只鹰蛋带回他父亲的养鸡场，他把鹰蛋和鸡蛋混在一起让母鸡孵化。于是一群小鸡里出现了一只小鹰。小鹰与小鸡一样过着平静安适的生活，它根本不知道自己与小鸡有什么不同。

小鹰慢慢地长大了。一天，它看见一只老鹰在养鸡场上空自由展翅翱翔，十分羡慕，感觉自己的两翼涌动着一股奇妙的力量，心想：要是我也能像它一样飞上天空，离开这个偏僻狭小的地方该多好呀！可是我从来没有张开过翅膀，没有飞行的经验，如果从半空中坠下岂不粉身碎骨吗？经过一阵紧张激烈的内心斗争，小鹰终于决定甘冒粉身碎骨的风险，也要展翅高飞一下。

> 从根本上说，生活是冒险。要舒畅地生活，就要有勇气增强自己的力量，坚定自己的信心。
>
> ——（美）马尔兹

小鹰成功了，它飞上了高高的蓝天，这时它才发现：世界原来这么广阔，这么美妙。

小鹰的展翅高飞，几乎展示了每一个冒险家成功的历程。现代社会有些人本来很有工作能力，完全能像鹰一样翱翔蓝天，但他们却患得患失，缺乏冒险的勇气和精神。这样的人最后只会像小鸡一样，一辈子待在平庸的世界里，默默无闻，而且总是与成功失之交臂。

豁达的路越走越宽

落英在晚春凋零，来年又灿烂一片；黄叶在秋风中飘落，春天又焕发出勃勃生机。具有豁达性格的人，即使在生命僵死之处，也能看到流过的法则，他们眼睛里流露出来的光彩会使整个人生都溢彩流光。在这种光彩之下，寒冷会变成温暖，痛苦会变成舒适。这种性格使智慧更加熠熠生辉，使美德更加迷人灿烂，使人性更加完美伟大。

【豁达是沟通人心的奥秘】

“如果你握紧一双拳头来见我，”威尔逊总统说，“我想我可以保证，我的拳头会握得比你的更紧，但是如果你来找我说，‘我们坐下来，好好商量，看看彼此意见相左的原因何在。’我们就会发觉，彼此差距并不那么大，相异的观点并不多，而且看法一致的观点反而居多，也会发觉只要我们有沟通的诚意和愿望，我们就能很快达成共识。”

人生的终点总该是个广场，才能让心中的车水马龙在此“放下”。除非有宽广的路，否则在这争逐的时代，绝对无法不出车祸；除非有豁达的爱，否则在这爱的车阵中，绝对无法顺畅。

——（美）刘墉

大约在100多年前，林肯就讲过这个道理：

“当一个人心中充满怨恨时，你不可能说服他依照你的想法行事，那些喜欢骂人的父母、爱挑剔的老板、喋喋不休的妻子……都该了解这个道理。你不能强迫别人同意你的意见，但却可以用引导的方式，温和而友善地使他服从。”

曾经有句格言：“一滴蜂蜜比一加仑的胆汁更能吸引苍蝇。”如果你想说服一个人，首先要以一颗豁达明理之心来看待他的所言所行，然后才能晓之以理动之以情。

有一则有关太阳和风的寓言。太阳和风在争论谁更强更有力，风说：“我来证明我更有力量。看到那一个穿大衣的老头吗？我打赌我能比你更快使他脱掉大衣。”

于是太阳躲到云后，风就开始吹起来，愈吹愈大，如同一场飓风。但是风吹得愈急，老人愈把大衣紧裹在身上。

终于，风平息下来，放弃了。然后太阳从云后露面，开始以它温煦的微笑照着老人。不久，老人开始擦汗，脱掉大衣。太阳对风说，温和和友善总是要比愤怒和暴力更强更有力。

古老的寓言依旧合乎现代的逻辑。豁达的态度，更能使一个人摈弃成见，抛下私我而面对理性，这是人性的自然流露。

1915 年，洛克菲勒是科罗拉多州最受人轻视的人。美国工业发展史上最血腥的罢工，在科罗拉多进行了两年之久。愤怒而粗暴的矿工，要求科州煤铁公司提高工资，该公司属于小洛克菲勒所有。物产被破坏，军队来镇压，发生多起流血事件。罢工者被枪杀，尸体满布弹孔。

然而洛克菲勒却平静下心来，以一篇充满大度的演说平息了即将要吞噬他的风暴，而且为他赢得了不少崇拜者。他提供事实的友善态度使罢工工人回去工作，绝口不再谈提高工资的事。

下面是那段著名演说的开场白，请注意他在字里行间所流露的善意。要知道，洛克菲勒演说的对象，前几天还想把他吊死在酸苹果树上；但他说话的态度甚至比面对一群传教士还要谦逊和蔼。他的讲词用了这些句子，像“我能到这儿来很荣幸”“今天我们都是以朋友而不是陌生人的身份在此会面”“友善互爱的精神”“我们共同的利益”“我能在此，完全靠了各位的支持捧场”。

“今天，是我一生中值得纪念的日子，”洛克菲勒开始说，“这是我第一次有幸会见这家伟大公司的劳方代表、职员和监工。我可以告诉各位，我很荣幸到这儿来，而且有生之年将不会忘记这场聚会。”

“这场聚会若在两星期以前召开，我对这里的大多数人一定很陌生，我只认得几张面孔。上周我有机会到南区煤矿所有的工棚去看了一遍，并且和一些代表有过谈话，除了不在场的代表外，统统见过了。我拜访过你们的家庭，见过各位的妻儿，今天我们都以朋友的身份见面，不再是陌生人，我们之间已经有了友善互爱的精神，我很高兴有此机会和各位一起讨论有关我们共同的利益问题。”

“既然聚会本来是由厂方职员和劳工代表共同参加，我能在此，全靠各位的支持捧场。因为我既非员工代表，也不是劳工代表；然而我深深觉得，我跟你们关系十分亲密，因为就某一点来说，我代表了股东和董事们。”

面对剑拔弩张的冲突，如果你发发脾气，对人家说一两句不中听的话，你会有一阵发泄的痛快感。但对方呢？他会分享你的痛快吗？你那火药味的口气，睚眦必报的态度，能使对方更容易赞同你吗？这个时候，只有豁达才能让你化险为夷，给你最丰盈的回报。

【豁达是通往幸福人生的大道】

人生注定是一条坎途，一条不以任何人的意志为转移的路途，人这一辈子，与其悲悲戚戚、郁郁寡欢地过，倒不如痛痛快快、潇潇洒洒地活。可人生一世，那么多的风风雨雨，坎坎坷坷，怎样才能活得洒脱自在呢？豁达就是这其中的奥秘。豁达是一种超脱，是自我精神的解放。人要是成天被名利缠得牢牢的，得失算得精精的，树叶子掉下来悲悲伤伤的，那还谈何超脱与豁达？豁达就要有点豪气，乍暖还寒寻常事，淡妆浓抹总相宜。

凡事到了淡，就到了最高境界，天高云淡，一片光明。人肯定要有追求，追求是一回事，结果是一回事。你记住一句话：事物的发展变化必须符合时空条件，有“时”无“空”，有“空”无“时”都不行。人活得累，是心累，常唠叨这几句话就会轻松得多：“功名利禄四道墙，人人翻滚跑得忙；若是你能看得穿，一生快活不嫌长。”

豁达是一种宽容。恢宏大度，胸无芥蒂，肚大能容吐纳百川。飞短流长怎么样，黑云压城又怎么样？心中自有一束不灭的阳光。以风清月明的态度，从从容容地对待一切，待到廓清云雾，必定是柳暗花明。

豁达是一种开朗。豁达的人，心大，心宽，悲愁痛苦的情绪，都在嬉笑怒骂、大喊大叫中被撕得粉碎。世界上的事不是都公平的，我们要按生活本来的面目看生活，而不是按着自己的意愿看生活。风和日丽，你要欣赏，光怪陆离，你也要品尝，这才自然，你才不会有太多牢骚，太多不平。不过，“月有阴晴圆缺”对谁都一样，“十年河东，十年河西”，一切都会随着时间的推移而变化。阴阳对峙，此消彼长，升降出入，这就是生机！拿这大宇宙，看你这个小宇宙，你能超越得了？

豁达是一种自信，人要是没有精神支撑，剩下的就是一副皮囊。人的这个精神就是自信，自信就是力量。自信给人智勇，自信可以使人消除烦恼，自信可以使人摆脱困境，有了自信，就充满了光明。

人生不售回程票，在人生的旅途中，只有豁达的人才能活出幸福，他们能随时随地背起自己的行囊，奔向远方陌生的旅程。

人生是用勤奋书写的

人生就像一张洁白的纸，全凭你手中的笔去描绘。玩弄纸笔的人，白纸上只能涂成一摊胡乱的墨迹，只有那些认真书写的，白纸上才会留下一篇优美的文章。就像叔本华所说："人在一生当中的前四十年，写的是正文，在往后的三十年，则不断地在正文中加添注解。"总之，人这一生就是——用你的人生之笔勤勉书写的一生，如果把你书写成的作品比喻成露出水面的桥梁的话，那么，勤勉地研究和学习，就是水面下的桥基，虽然人们看不见，但它是不可或缺的。

【勤奋是通向成功的途径】

"勤敬"是清代帝王的祖训，雍正帝从政，日日勤慎，戒备怠惰，坚持不懈。用他自己的话说："唯日孜孜，勤求治理，以为敷政宁人之本。"

> 如果你富于天资，勤奋可以发挥它的作用；如果你智力平庸，勤奋可以弥补它的不足。
> ——（美）雷诺兹

雍正帝处理朝政，自早至晚，没有停息，大体上是白天同臣下接触，议决和实施政事，晚上批览奏章，经常至深夜。即使在吃饭和休息的时候，他也"孜孜以勤慎自勉"，不敢贪图轻松安逸。他的这种工作作风，年年如此，寒暑不断。经雍正帝亲手批阅的奏章，现存于故宫博物院的就有二万二千余件，这还不是其全部。雍正帝自己所写的谕旨及对大臣奏章的批示，现已选刊者即不下数十万言，其未刊者尚不知数目。这确实是两个惊人的数字。

雍正元年（公元 1723 年）五月初一，雍正帝连续颁发十一道训谕，对总督、督学、提督、总兵、布政司，按察司、道员，参将，游击、知府、知县等各级地方文武官员提出了明确的要求。发一道谕旨，洋洋万言，若非勤政之君，实难办到。

雍正帝之勤政，又与他以治天下为己任是分不开的。他在位期间，一直以“万机待理”的责任感而勤奋工作。他深感治理大清江山的责任重大，故而勤于政务，不敢稍有懈怠。正是因为雍正帝以社稷为重，以国事为先，他才能够以朝乾夕惕自勉，“唯日孜孜”。

雍正帝因早年夏天中暑，遂形成畏暑心理。每一年酷热之际，意欲休息，但一想到前贤的箴言，帝王的责任，便不敢浪费一点时光，进而勉励自己警戒骄盈，而去努力从事政务。他曾作《暮春有感》七律一首：

“虚窗帘卷曙光新，柳絮榆钱又暮春。

听政每忘花月好，对时惟望雨丝匀。

宵衣旰食非干誉，夕惕朝乾自体仁。

风纪分颁虽七度，民风深愧未能淳。”

他深感登基以来，民风未淳，自己身为一国之君，责任未尽，因此朝夕戒惧，不敢怠惰，尽管大自然的变化很大，然而无暇也无心去欣赏春色的美好，花木的繁荣。

雍正帝“唯日孜孜”的精神，以及持之以恒的毅力，在封建帝王中堪称楷模，即使是一些有作为的帝王也实难与之相比，更不必说那些昏庸荒淫的君主了。清史专家孟森先生曾说：“自古勤政之君，未有及世宗（即雍正帝）者”“其英明勤奋，实为人所难及。”这一评价，对雍正帝来说是当之无愧的。

曾有人问一位成大事者：成功取决于比别人思维敏捷还是拥有更多的天赋？那位人士答道：“勤勉高于天赋。”

“天赋”往往会给人们一种错误的观点，让人以为勤奋和苦干对有天赋的人来说是没有用的，有许多人就是在拥有这种思想后而止步不前。天才的影响很大，人们认为那些惊天动地的大事只有天才才能做到，如果自己也是天才的话，自然不费吹灰之力就能成为一个成大事者。甚至有更幼稚的想法：天才不需要刻苦学习，对规则和体制深恶痛绝，反对束缚，要求“潇洒自如”，对仔细分析事情发展、辛勤劳动不屑一顾。他们只要轻松一跃，在不经意中，成功就唾手可得，就能取得显著成绩。

于是，这些痴梦者在梦中找到自己的世界，他们只有在被生活所迫的时候，不得不创造一点生活的条件，但是只要生活境况稍一改善，就重新回到以前的状态，开始贪图享乐起来，他们过着这样一种生活：没有固定的作息时间，要么是到处游荡，要么就在床上胡思乱想。最后，就算有一点天赋，也被整日的无所事事消耗殆尽了。

“我实际上比任何一位在田野里耕耘的农夫都更苦更累。”英国画家密莱斯说。因为他作画的时候总是达到了忘我的境界。当他提到年轻人的时候，他说：“我对所有年轻人的忠告是：‘去工作吧！’不可能人人都是天才，但是人人都能工作。不工作的人，即使是天赋再高、绝顶聪明，也无法创造辉煌。”

“没有艰辛就没有成就。如果你想取得成功，除了努力工作别无他法。”这是英籍荷兰著名画家阿尔玛·埃德马由衷的感叹。当有人问起，你是否崇拜过谁，是一位英雄？一位文学家？还是一位NBA球星……你可以用敬畏的目光注视着自己心目中的大人物，钦佩他们的丰功伟绩。但是必须要记住这一点：并不是用一颗触景生情的心，加上丰富的想象力就可以使你成为巨人，而是要靠勤奋和持之以恒。

“千万不要依靠自己的天赋。如果你有着很高的才华，勤奋会让它绽放无限光彩。”艺术家雷诺兹说，“如果说你智力与能力一般，勤奋就是对你不足的最好补偿。如果做到了目标明确，方法得当，勤奋会让你成功。如果没有勤奋工作，你终将一无所获。”

【懒惰是把你推入失败深渊的罪魁祸首】

《聊斋志异》里记载了这样一个故事：

有个叫王生的人，是个大户人家的子弟，在家排行第七，他从小就爱慕道术，听人说崂山上有很多得道的仙人，就背上书籍前去学道。

王生来到一座道观，在清幽寂静的庙宇中，一位老道正在蒲团上打坐。只见这位老道满头白发垂挂到衣领处，精神清爽豪迈，气度不凡。王生连忙上前磕头行礼，并且和他交谈起来，交谈中，王生觉得老道讲的道理深奥奇妙，便一定要拜他为师。道士说："只怕你娇生惯养，性情懒惰，不能吃苦。"王生连忙说："我能吃苦。"老道的弟子很多，傍晚时他们都回到庙里，王生一个一个都见过后，便留在了庙中。第二天，王生拿着老道交给自己的斧头在师父的吩咐下随众人上山砍柴。

过了一个多月，王生的手和脚都磨出了很厚的茧子，他忍受不了这种艰苦的生活，暗暗产生了回家的念头。

终于，又过了一个月后，王生吃不消了，可是老道却不向他传授任何道术。他等不下去了，便去向老道告辞说："弟子从好几百里外的地方前来投拜你，我这一片苦心不指望学到什么长生不老的仙术，但您不能传些一般的技艺给我吗？现在已经过去两三个月了，每天不过是早出晚归在山里砍柴，我在家里，从来没吃过这样的苦。"老道听了大笑说："我开始就说你不能吃苦，现在果然如此，明天早上就送你走。"

王生听老道这样说，只好恳求说："弟子在这里辛苦劳作了这么多天，只求师父教我一些小技术也不枉我此行了。"老道问："你想什么技术呢？"王生说："平时常见师父不论走到哪儿，墙壁都不能阻隔，如果学到这个法术就满足了。"

老道笑着答应了他，并领他来到一面墙前，向他传授了秘诀，然后让他自己念完秘诀后，喊声"进去"，就可以出去了。王生对着墙壁，不敢走过去。老道说："试试看。"王生只好慢慢走过去，到墙壁时被挡住了。老道指点说："要低头猛冲过去，不要犹豫。"当他照老道的话再向前冲到墙壁处，真的未受阻碍，睁眼已在墙外了。王生高兴极了，又穿墙而回，向老道致谢。老道告诫他："回去以后，要好好修身养性，否则法术就不灵验了。"说完，送他一些路费，就让他回去了。

自称得到崂山仙人传授的王生在家中自得不已，以为可以穿越厚厚墙壁而畅通无阻了。他妻子不相信，于是，王生按照在老道处学的方法，离开墙壁数尺，低头猛冲过去，结果一头撞在墙壁上，撞死了。

"种瓜得瓜，种豆得豆"，真正的幸福绝不会光顾那些精神麻木、四体不勤的人，懒惰只能给个人和民族带来毁灭，而从不会给世界历史和个人生活留下美妙的回声。

亚历山大征服波斯人之后，他有幸目睹了这个民族的生活方式。亚历山大注意到，波斯人的生活十分腐朽，他们厌恶辛苦的劳动，只想舒适地享受一切。亚历山大不禁感慨道："没有什么东西比懒惰和贪图享受更容易使一个民族奴颜婢膝的了；也没有什么比辛勤劳动的人们更高尚的了。"

懒惰是一种堕落的、具有毁灭性的东西。懒惰会吞噬一个人的心灵，就像灰尘可以使铁生锈一样，懒惰可以轻而易举地毁掉一个人，乃至整个民族。懒惰从来没有在世界历史上留下什么好名声，也永远不会留下什么好名声。

学习是终身职业

中国古代学者刘向曾说:“少而好学，如日出之阳;壮而好学，如月中之光;老而好学，如炳烛之明。”学习是一种很幸福的事，如同拨一下木火就能使奄奄一息的火苗升腾起大火一样，一个愚笨的脑袋会因为学习而产生变化，所以我们要珍惜这种机会，把学习视作我们的终身职业。在学习的道路上，谁想停下来就会落伍。

在哈佛大学一座教学楼前的阶梯上，有一群即将毕业的机械系大四学生很快就要参加最后一门考试了，他们聚集在一起，正在讨论几分钟后就要开始的考试。他们的脸上显示出很有自信，这是最后一场考试，接着就是毕业典礼和找工作了。

有几个说他们已经找到工作了。其他的人则在讨论他们想得到的工作。怀着对四年大学教育的肯定，他们觉得心理上早有充分的准备，能征服外面的世界。

他们知道即将进行的考试只是轻而易举的事情。教授说他们可以带需要的教科书、参考书和笔记，只要求他们考试时不能彼此交头接耳。

生活便是寻求新的知识。
——（俄）门捷列夫

他们喜气洋洋地走进教室。教授把考卷发下去，学生都喜形于色，因为学生们注意到只有五个论述题。

三个小时过去了，教授开始收考卷。学生们似乎不再有信心，他们脸上有难以描述的表情。没有一个人说话，教授手里拿着考卷，面对着全班同学。

教授端详着面前学生们忧郁的脸，问道："有几个人把五个问题全答完了？"

没有人举手。

"有几个答完了四个?"

仍旧没有任何动静。

"三个？两个？"

学生们变得有些坐立不安起来。

"那么一个呢？一定有人做完了一个吧？"

全班学生仍保持沉默。

教授放下手中的考卷说："这正是我所预料的结果。我只是要加深你们的印象，即使你们已完成四年工程教育，但仍旧有许多有关工程的问题你们全然不知。这些你们不能回答的问题，在日常操作中是非常普遍的。所以你们还需要在实践中不断学习，不断完善自己的知识技能。"

"活到老,学到老。"在知识的海洋中,你的智慧只是其中的一粒沙,一滴水,我们拥有的只是一颗饥渴的心灵，要不断地用学习来安慰它。如果故步自封，就只能成为时代的弃儿。

【学习是成功的征兆】

在知识的山峰上登得越高，眼前展现的景色就越壮阔，而获得知识的唯一途径就是学习。

有人写道：

"你年轻聪明，壮志凌云。你不想庸庸碌碌地了此一生，而是渴望声名、财富和权力。因此你常常在我耳边抱怨：那个著名的苹果为什么不是掉在你的头上？那只藏着'老子珠'的巨贝怎么就产在巴拉旺而不是在你常去游泳的海湾？拿破仑偏能碰上约瑟芬，而英俊高大的你总没有人垂青？

"于是，我想成全你。先是照样给你掉下一个苹果，结果你把它吃了。我决定换一个方法，在你闲逛时将硕大的卡里南钻石偷偷放在你的脚边，将你绊倒，可你爬起后，怒气冲天地将它一脚踢下阴沟。最后我干脆就让你做拿破仑，不过像对待他一样，先将你抓进监狱，撤掉将军官职，赶出军队，然后将身无分文的你抛到塞纳河边。就在我催促约瑟芬驾着马车匆匆赶到河边时，远远地听到‘扑通’一声，你投河自尽了。

“唉！你错过的仅仅是机会吗？

“不，绝对不是，你错过的是准备。机会从来只给有准备的人。因此，我们失去的往往不是机会，而是准备。谚语说，有缘千里来相会，无缘对面不相识。‘缘’，实质就是‘准备’。没有准备的人，绝对与‘人’无缘，与‘事’无缘。”

特别是在竞争加剧的今天，还没等到过招，胜负早已定了。就像“华山论剑”，最终是靠内功，靠武学的修为和领悟（即学习与创新）而定胜负。因此竞争早就开始，比的就是“准备”，比的是日积月累，比的是“功夫在诗外”。要击败对手，最终的办法就是比对方准备更充分，积累更多。

这种积累和准备，从广义上说，就是知识的积累和准备；从狭义上说，就是心态的准备、目标的准备和行动的准备（调整心态，明确目标，采取行动，都是求知的一部分）。爱迪生说得好：“知识仅次于美德，它可以使人真正地、实实在在地胜过他人。”

没有上述一切的知识的准备，你不会找到什么，也不可能碰到什么。

要想成功，就必须牢记：“知识就是力量”。成就大事业，一定要记住：年轻时，究竟懂得多少并不重要，只有懂得学习，才会获得足够的知识。

许多人以为，学习只是青少年时代的事情，只有学校才是学习的场所，自己已经是成年人，并且早已走向社会了，因而再没有必要进行学习。剑桥大学的一位专家指出：“这种看法乍一看，似乎很有道理，其实是不对的。在学校里自然要学习，难道走出校门就不必再学了吗？学校里学的那些东西，就已经够用了吗？”其实，学校里学的东西是十分有限的。工作中、生活中需要相当多的知识和技能，课本上都没有，老师也没有教给我们，这些东西完全要靠我们在实践中边摸索边学习。

近10年来，人类的知识大约是以每3年增加一倍的速度向上提升。知识总量在以爆炸式的速度急剧增长，老知识很快过时，知识就像产品一样频繁更新换代，使企业持续运行的期限和生命周期受到最严厉的挑战。据初步统计，世界上IT企业的平均寿命大约为5年，尤其是那些业务量快速增加和急功近利的企业，如果只顾及眼前的利益，不注意员工的培训学习和知识更新，就会导致整个企业机制和功能老化，成立两三年就“关门大吉”！

联想、TCL 等企业成功的经验表明：培训和学习是企业强化“内功”和发展的主要原动力。只有通过有目的、有组织、有计划地培养企业每一位员工的学习和知识更新能力，不断调整整个企业人才的知识结构，才能对付这样的挑战。

根据剑桥大学的一项调查，半数的劳工技能在 1 ～ 5 年内就会变得一无所用，而以前这些技能的淘汰期是 7 ～ 14 年。而在工程界，毕业后所学还能派上用场的不足 1/4。

因此，学习已变成随时随地的必要选择。

流水不腐，户枢不蠹。这句古语也可以用在人的智力增长上。你只有在工作中不断学习新东西，才能保持思维的灵动，也只有这样，才能跟得上时代的步伐，不致落伍。如果我们不继续学习，我们就无法取得生活和工作需要的知识，无法使自己适应急速变化的时代，不仅不能搞好本职工作，反而有被时代淘汰的危险。

自强不息，永远学习新东西，随时求进步的精神，是一个人卓越的标志，更是一个人成功的征兆。

林语堂先生曾经说过：“若非一鸣惊天下的英才，都得靠窗前灯下数十年的玩摩思索，然后才可以著述。”每个人并非天生就是奇才，他所知道的东西比起整个宇宙来，实在是少得可怜，这一切只有通过学习来弥补。

【终身学习是一种生存概念】

通往学识宝贵的门户多得很，大学只是一个而已。

如果信息激增的现代社会仍处在学历化中，并逐渐走向极端，每一个取得高学历或名牌大学学位证书的人就等于有了一本“护照”，就意味着毕业后会有一份好工作，一份高薪水，过上舒适的生活，那么，其弊端是显而易见的。它的直接后果，就是为社会“造就”了一批现代的“功能性学者”。因此，“终身学习”已成为 21 世纪的生存概念。衡量一个人价值大小的标准并不在于今天你站在什么样的位置上，而是看你在向哪个方向去。终身学习能力即自学研究能力将是未来的每一个人必备的生存技能。

在知识经济时代，对人的自学研究能力提出了极高的要求。“未来的文盲将不是那些不会阅读的人，而是没有学会怎样学习的人。”这绝非危言耸听之语。“自行学习、自我教育，自己管理自己”，这是现代人汲取知识的重要渠道，也是终身教育的重要形式。

当你确立了求索事业的目标后，不能不重视自学研究能力的训练和提高。自学研究能力是生命活动的一部分，是激发和保持创新优势，提高自身思维品质，优化知识和智能结构的有效方式。自学是对学校教育和各种教育方式中师承型学习的补充和延伸。这种学习研究，自由度较大，能更好地将书本知识和社会实践结合起来，能更有效地开发自身的潜能，并将学到的知识和能力转化为实践。

对研究、攻关课题的选择，需要对某一领域进行广视角、多层次的扫描、观察、分析、综合，方能从主客观双重角度，筛选出最有价值、最有可能实现的攻关目标。

自学研究能力的核心是想象力、创造力。这是一种能改天换地、塑造全新的自我的伟力。培养和训练创新的能力，要从青少年时代起步，养成质疑多思的习惯。在接受教育（包括课堂教学）时，不能只是个带着耳朵的听众，而是要开动大脑这台机器，打破常规地思考、讨论、比较、鉴别，要积极主动参与教学过程，开掘创新思路。平时，在独立治学时，也要经常问几个为什么，启发思考和探索问题的积极性。

对于社会和学校，要在教育的各个环节中努力训练创造能力及自学研究素质。要力求摒弃和减少注入式、灌输式教学方法，大力倡导启发式教育。在这方面，一些发达国家的育才经验，对我们是有帮助的。有意识地自觉训练自学研究及创新能力，了解异国的教育方式，将有助于开阔思路，提高我们适应社会的能力。

【学到，花便开】

一个6岁的小女孩问妈妈：

“花儿会说话吗？”

“噢，孩子，花儿如果不会说话，春天该多么寂寞，谁还对春天左顾右盼？”

小女孩满意地笑了。

小女孩长到16岁，问爸爸："天上的星星会说话吗？"

"噢，孩子，星星若能说话，天上就会一片嘈杂，谁还向往天堂静穆的乐园？"

小女孩又满意地笑了。

女孩到了26岁，已是个成熟的女性了。一天，她悄悄地问做外交官的丈夫："昨晚宴会，我的举止言谈合适吗？"

"棒极了，My Darling！"外交官毫无吹捧之意，却不无欣赏和自豪之情，"你说话的时候，像叮咚的泉声、悠扬的乐曲，动人心怡人情，虽千言而不繁；你静处的时候，似浮香的荷、优雅的鹤，美人目爽人神，虽静音而传千言……亲爱的，能告诉我你是怎样修炼的吗？"

妻子笑了："6岁时，我从当教师的妈妈那儿学会了和自然界的对话。16岁时，我从当作家的爸爸那里学会了什么时候该说话，什么时候不该说话。在见到你之前，我从史学家、哲学家、文学家、音乐家、画家、外交家那里学会了和什么样的人谈什么样的话。亲爱的，我还从你那里得到了思想、智慧、胆量、看法和爱！"

学习就是这样，学到了，幸福的花儿便会为你开。有些年轻人，刚从学校出来就想一步登天，干出一番惊天动地的丰功伟绩来，其实这违背了事物发展的自然规律。中国有一句谚语说得好：时间到了，花自然就会开放！而这时间就是你努力的时间，就是你用以学习的时间。

正如爱因斯坦所说，"学习、不断地追求真理和美，是使人们能永葆青春的活动范围"，学习也会使你的幸福像花儿一样开放。花不浇便枯而凋，人不学便老而衰。

要懂得倾听生活

人情冷暖正如花开花谢，静听他人的声音，让你无论走过哪个季节都能感受到世间的温馨；生命起伏正如潮涨潮落，静听生活的声音，让你不管经历多少沧桑都能体察到生活的意境。

德克是韦伯见到的最受欢迎的人士之一。他总能受到邀请。经常有人请他参加聚会、共进午餐、担任基瓦尼斯国际或扶轮国际的客座发言人、打高尔夫球或网球。

一天晚上，韦伯碰巧到一个朋友家参加一次小型社交活动。他发现德克和一个漂亮女孩坐在一个角落里。出于好奇，韦伯远远地注意了一段时间。韦伯发现那位年轻女士一直在说，而德克好像一句话也没说。他只是有时笑一笑，点一点头，仅此而已。几小时后，他们起身，谢男女主人，走了。

第二天，韦伯见到德克时禁不住问道：

> 人人都在生活，但只有少数人熟悉生活，只要你会倾听它，它就会变得饶有兴趣。
>
> ——（俄）屠格涅夫

“昨天晚上我在斯旺森家看见你和一位十分迷人的女孩在一起。她好像完全被你吸引住了。你怎么抓住她的注意力的？”

“很简单。”德克说，“斯旺森太太把乔安介绍给我，我只对她说：‘你的皮肤晒得真漂亮，在冬季也这么漂亮，是怎么做的？你去哪呢？阿卡普尔科还是夏威夷？’

“‘夏威夷。’她说，‘夏威夷永远都风景如画。’

“‘你能把一切都告诉我吗？’我说。

“‘当然。’她回答。我们就找了个安静的角落，接下去的两个小时她一直在谈夏威夷。

“今天早晨乔安打电话给我，说她很喜欢我陪她。她说很想再见到我，因为我是最有意思的谈伴。但说实话，我整个晚上没说几句话。”

这就是德克受人欢迎的秘诀，很简单，他只是让乔安谈她自己。他对每个人都这样——对他人说：“请告诉我这一切。”这足以让一般人激动好几个小时。人们喜欢德克就因为他让人们感觉到他在注意他们。

就人性的本质来看，我们每个人当然最关心的是自己。他们喜欢讲述自己的事情，喜欢听到与己有关的东西。你要使人喜欢你，那就做一个善于静听的人，鼓励别人多谈他们自己。

【静听他人的声音】

也许，你会认为人际场上能说会道的人最受欢迎，其实，善于倾听的人才是真正会讨人心的人。会说的，有锋芒毕露的时候，也常有言过其实之嫌，话说多了，易被人称夸夸其谈，油嘴滑舌；说过分了常导致言多必有失，祸从口出。静心倾听就没有这些弊病，倒有兼听则明的好处。用心听，给人的印象是谦虚好学，是专心稳重，诚实可靠。仔细听能减少不成熟的评论，避免不必要的误解。

善于倾听的人常常会有意想不到的收获：蒲松龄因为虚心听取路人的述说，记下了许多聊斋故事；唐太宗因为兼听而成明主；齐桓公因为细听而善任管仲，刘玄德因为恭听而鼎足天下。

美国南北战争曾经陷入一个困难的境地，当时身为美国总统的林肯，心中有来自多方面的压力。他把他的一位老朋友请到白宫，让他倾听自己的问题。

林肯和这位老朋友谈了好几个小时。他谈到了发表一篇解放黑奴宣言是否可行的问题。林肯一一检讨了这一行动的可行和不可行的理由，然后把一些信和报纸上的文章念出来。有些人怪他不解放黑奴，有些人则因怕他解放黑奴而谩骂他。

在谈了数小时后，林肯跟这位老朋友握握手，甚至没问他的看法，就把他送走了。

这位朋友后来回忆说：当时林肯一个人说个不停，这似乎使他的心境清新起来。他在说过这些话后，似乎觉得心情舒畅多了。

当时遇到巨大麻烦的林肯，不是需要别人给他忠告，而只是需要一位友善的、具同情心的听者，以便减缓心理上的巨大压力，解脱思想上的极度苦闷。

心理学家已经证实：倾听可以减轻他人的压力，帮助他人清理思绪。倾听对方的意见或议论是尊重对方的一种表达方式，以同情和理解的心情倾听别人的谈话，不仅是维系人际关系，保持友谊的最有效的方法，更是解决冲突、矛盾和处理抱怨的最好方法。

某电话公司数年前曾应付过一个咒骂接线生的最险恶的顾客。他咒骂，他发狂，他恐吓要拆毁电话，他拒绝支付他认为不合理的费用，他写信给报社，还向公众服务委员会屡屡提出申诉，并使电话公司引起数起诉讼。

最后，公司中的一位最富技巧的“调解员”被派去访问这位粗暴的顾客。这位“调解员”静静地听着，并对其表示同情，让这位怒气冲天的老先生发泄他的大篇牢骚。

“他喋喋不休地说，我静听了差不多3个小时，”这位“调解员”叙述道，“以后我再到他那里，继续听他发牢骚，我访问他四次，在第四次访问完毕以前，我已成为他正在创办的一个组织的成员，他称之为‘电话用户保障会’。我现在仍是该组织的会员。有意思的是，就我所知，除某先生以外，我是世上唯一的会员了。

“在这几次访问中，我静听，并且同情他所说的任何一点。我从未像电话公司其他人那样同他谈话，他的态度几乎变得友善了。我要找他处理的事，在第一次访问时没有提到，在第二次、第三次也没有提到，但在第四次，我整个地结束了这一案件，使所有的账都付清了，并在他与电话公司为难的经过中，他第一次撤销了他向公众服务委员会提出的申诉。”

不管多么挑剔的人，哪怕最激烈的批评者，也会在一个忍耐、同情的静听者面前软化降服，这位静听者即使在气愤的寻衅者像一条大毒蛇张开嘴巴吐出毒物一样的时候也能做到静听。

故事中的这位先生之所以平息了心头的怒火就是因为他从那位静听者的倾听中得到了自重感，冤屈自然就消失得无影无踪了。

根据人性的特点，人们往往对自己的事更感兴趣，对自己的问题更关注，更喜欢自我表现。一旦有人专心倾听谈论自己时，就会感受自己被重视。倾听他人的声音，就能真实地了解他人，增加沟通的效力。一个不懂得倾听的人，通常也是一个不尊重别人的观点和立场、缺乏协调性的人。这种人无可避免地会造成他人的反感。

【静听生活的小秘密】

倾听，不仅要倾听别人的声音，也要倾听平时少为人听或不为人听的声音，因为那里面也许藏有珍宝。学会倾听，发掘生活中的小秘密，这就是许多人走向成功的秘诀。

一个农场主在巡视谷仓时不慎将一只名贵的金表遗失在谷仓里，他找了好久也没有找到，便回家要自己的几个儿子都出来继续找。

儿子们听说父亲的金表丢了，心里都很着急，于是立刻来到谷仓，开始卖力地四处翻找。无奈谷仓内谷粒成山，还有成捆成捆的稻草，要想在其中找寻一块金表如同大海捞针。

儿子们一直忙到太阳下山，仍然没有找到金表，他们不是抱怨金表太小，就是抱怨谷仓太大、稻草太多，最后他们一个个都放弃了，陆续离开。这时，只有农场主的小儿子在众人离开之后仍不死心，努力地寻找。他已经整整一天没有吃饭了，希望在天黑之前能找到金表。因为父亲平时最宠爱的就是他，但总是把他看成小孩子，其实他已经 14 岁了，已经是小大人了，他要证明自己。天越来越黑，整个谷仓寂静无声，安静得有些让人害怕，可他仍然坚持在谷仓内继续寻找。突然，他隐约听见谷仓内似乎有一个奇特的声音“滴滴”响个不停。

小儿子顿时屏住呼吸，此时的谷仓更加安静，那声响清晰可闻。没错，那就是父亲丢失的金表走动的声音！小儿子循声找到了金表，最终得到父亲的赞扬和肯定。

生活的法则并不是那么繁琐，而之所以掌握它的人很少，是因为多数人认为这些法则太简单，没有动手去做。生活的小秘密犹如谷仓内的金表，早已存在于我们身边，散布于人生的每个角落，只要执着地去寻找，并且仔细倾听和观察，就能洞察其中的玄机，成为生活的主人。

美国的一个《我是干什么的？》的电视节目中，电视主持人向来宾提问，要来宾根据提问猜出他是干什么的。这个节目连续播出了25年。

阿琳是这个电视节目的一位来宾，开始时，阿琳觉得很难掌握住自己要回答问题的线索。后来，她丈夫马丁·加贝尔说："我从这个节目里得到的结论是：你应该仔细听别人说什么，要学会认真倾听。"阿琳采纳了他的忠告，结果非常有效。由于集中注意力听别人说话，她常常能很准确地回答问题。事实上，她的主要优势就在于她能注意倾听。

不过，阿琳的倾听绝不仅仅是获取信息。一位70多岁的陌生妇女向阿琳表示，"注意倾听"也是爱你的邻居的一种方式。

阿琳常在杂货店碰到这位妇女，这位妇女有着一双机敏又锐利的黑眼睛。每当她看到阿琳时，立即走过来跟阿琳滔滔不绝地聊天。有时阿琳忙得很，但也不得不耐着性子听下去。

"我不久要去阿堪萨斯一次，"有一天她对阿琳说，"那里的春天很暖和，这对我的关节炎有好处。但是，不等你想念我，我就会回来的。"阿琳这才第一次注意到她的手指既僵硬又弯曲。"你一个人去吗？"阿琳问。"哦，是的。"她说，"我丈夫去世很久了。但是我通过与人们交谈，发现了许多像你这样的人。"

阿琳立刻觉得非常惭愧：那位老妇女是那么高兴，一点儿也不为自己感到伤心。通过与人交谈，阿琳平静的生活变得有意义了。她在静听别人述说他们的不幸中，对自己的痛苦有了更为透彻的洞悉，她不再沉溺于悲哀中，感到有很多人与自己境遇相同。

辛格曼·弗洛伊德要算是近代最伟大的倾听大师了。一位曾遇到过弗洛伊德的人，描述着他倾听别人时的态度："那简直太令我震惊了，我永远都不会忘记他。他的那种特质，我从没有在别人身上看到过，我也从没有见过这么专注的人，有这么敏锐的灵魂洞察和凝视事情的能力。他的眼光是那么谦逊和温和，他的声音低沉，姿势很少。但是他对我的那份专注，他表现出的喜欢我说话的态度——即使我说得不好，还是一样，这些真的是非比寻常。真的无法想象，别人像这样听你说话所代表的意义是什么。”

静听他人的声音，并通过这种静听打开生活的玄机，既是对人世的通明，也是对人生的洞彻。

生命里不可缺少热忱

巴尔扎克曾经这样赞誉热情："热情是普遍的人性。没有了热情，便没有宗教、历史、浪漫和艺术。"热情一旦充于心胸，人便会有百倍于身体的力量投入到人生的演出中。它可以使最愚蠢的人变得聪明起来。正如泰尔戈所说："热情，这是鼓满船帆的风。风有时会把船帆吹断，但没有风，帆船就不能航行。"所以，如果想掌控好人生这条船，就要懂得享受热情的海风，点燃起热忱的心灯。

1907年，后来成为美国著名的人寿保险推销员的法兰克·派特刚转入职业棒球界不久，就遭到有生以来最大的打击，因为他被开除了。他的动作无力，因此球队的经理有意要他走人。球队的经理对他说："你这样慢吞吞的，哪像是在球场混了20年？法兰克，离开这里之后，无论你到哪里做任何事，若不提起精神来，你将永远不会有出路。"

> 一个没有受到献身的热情所鼓舞的人，永远也不会做出什么伟大的事情来。
>
> ——（俄）车尔尼雪夫斯基

本来法兰克的月薪是175美元，离开原来的球队之后，他参加了亚特兰斯克球队，月薪减为25美元。薪水这么少，法兰克做事当然没有热情，但他决心努力试一试。待了大约10天之后，一位名叫丁尼·密亨的老队员把法兰克介绍到新凡去。

在新凡的第一天，法兰克的一生有了一个重要的转变。因为在那个地方没有人知道他过去的情形，法兰克就决心变成新英格兰最具热忱的球员。为了实现这点，当然必须采取行动才行。

法兰克一上场，就好像全身带电。他强力地投出高速球，使接球的人双手都麻木了。有一次，法兰克以强烈的气势冲入三垒。那位三垒手吓呆了，球漏接，法兰克就盗垒成功了。当时气温高达39℃，法兰克在球场奔来跑去，极可能中暑而倒下，但在过人的热忱支持下，他挺住了。

这种热忱所带来的结果，真令人吃惊。

第二天早晨，法兰克读报的时候，兴奋得无以复加。报上说：那位新加进来的派特，无异是一个霹雳球，全队的人受到他的影响，都充满了活力。他们不但赢了，而且是本季最精彩的一场比赛。

由于热忱的态度，法兰克的月薪由25美元提高为185美元，多了7倍。

在往后的2年里，法兰克一直担任三垒手，薪水加到30倍之多。为什么呢？

法兰克自己说："这是因为一股热忱，没有别的原因。"

后来，法兰克的手臂受了伤，不得不放弃打棒球。接着，他到菲特列人寿保险公司当保险员，整整一年多都没有什么成绩，因此很苦闷。但后来他又变得热忱起来，就像当年打棒球那样。

再后来，他是人寿保险界的大红人。不但有人请他撰稿，还有人请他演讲自己的经验。他说："我从事推销已经15年了。我见到许多人，由于对工作抱着热忱的态度，使他们的收入成倍数地增加起来。我也见到另一些人，由于缺乏热忱而走投无路。我深信唯有热忱的态度，才是成功推销的最重要因素。"

热忱的态度，是做任何事所必需的条件，爱默生说过："有史以来，没有任何一件伟大的事业不是因为热忱而成功的。"一旦让热忱成为你的生活方式，你离成功也就不远了，你的整个人生之旅也会因此而绽放出万丈光芒。

【热忱是迈向成功之路的航标】

一个人成功的因素很多，而居于这些因素之首的就是热忱。热忱是出自内心的兴奋，散发、充满到整个的人。英文中的"热忱"这个字是由两个希腊字根组成的，一个是"内"，一个是"神"。事实上一个热忱的人，等于是有神在他的内心里。热忱也就是内心里的光辉——这种炽热的、精神的特质深存于一个人的内心。

俄亥俄州克里夫兰市的史坦·诺瓦克下班回到家里，发现他最小的儿子提姆又哭又叫地猛踢客厅的墙壁。小提姆第十天就要开始上幼儿园了，他不愿意去，就这样子以示抗议。按照史坦平时的作风，他会把孩子赶回自己的卧室去，让孩子一个人在里面，并且告诉孩子他最好还是听话去上幼儿园。由于已了解了这种做法并不能使孩子欢欢喜喜地去幼儿园，史坦决定运用刚学到的知识：热忱是一种重要的力量。

他坐下来想："如果我是提姆的话，我怎么样才会乐意去上幼儿园？"他和太太列出所有提姆在幼儿园里可能会做的趣事，例如画画、唱歌、交新朋友，等等。然后他们就开始行动。

史坦对这次行动作了生动的描绘："我们都在饭厅桌子上画起画来，我太太、另一个儿子鲍布和我自己，都觉得很有趣。没有多久，提姆就来偷看我们究竟在做什么事，接着表示他也要画。'不行，你得先上幼儿园去学习怎样画。'我以我所能鼓起的全部热忱，以能够听懂的话，说出他在幼儿园中可能会得到的乐趣。第二天早晨，我一起床就下楼，却发现提姆坐在客厅的椅子上睡着了。'你怎么睡在这里呢？'我问。'我等着去上幼儿园，我不要迟到。'我们全家的热忱已经鼓起了提姆内心里对上幼儿园的渴望，而这一点是讨论或威胁、责骂都不可能做到的。"

热忱的心灯一经点燃，其报偿必然是积极的行动、成功和快乐幸福。这从最需要激情的体育行业中最能显示出来。美式足球史上最伟大的教练是温士·龙哈迪。皮尔博士在他的《热忱——它能为你做什么？》这本小书中，讲出这么一个故事：

"龙哈迪到达绿湾的时候，他面对着的是一支屡遭败绩而失去斗志的球队。他站在他们前面，静静地看着他们，过了一段很长的时间之后，他以沉静但是很有力量的声音说：'各位，我们就要有一支伟大的球队了，我们要战无不胜，听到了没有？你们要学习阻挡，你们要学习奔跑，你们要学习拦截。你们要胜过你们对抗的球队，听到了没有？'"

"'如何做到呢？'他继续说，'你们要相信我，你们要热衷于我的方法。一切的秘诀就在这里（他敲着自己的印堂）。从此以后，我要你们只想三件事：你的家、你的宗教和绿湾包装者队，就按照这个次序——让热忱充满你们全身！'”

“队员都从他们的椅子上坐正。我走出会议室之后，他写下他的感想，‘觉得雄心万丈’。那一年中他们打赢了七场球，球员还是去年的球员，但是去年却败了十场。第二年他们赢得区冠军，第三年赢得了世界冠军。怎么会进步如此快呢？原因不只是球员的辛苦学习、技巧和对运动的喜爱，还有热忱。”

皮尔继续写着：“发生在绿湾包装者队身上的情形，也可以发生在教室、公司、国家或一个人身上。头脑想什么，结果就会是什么。一个人若真的充满了热忱，你就可以从他的眼神里，从他勤快、感动人心而受人喜爱的为人中看得出来，你也可以从他的步伐中看得出来，你还可以从他全身的活力看得出来。热忱可以改变一个人对他人、对工作以及对全世界的态度。”在热忱的火焰中，所有的困难都会燃烧殆尽，工作中的重压也会变成一种享受。

纽约中央铁路公司前总经理弗德瑞克·威廉生说过这样的话：“我愈老愈更加相信热忱是成功的秘诀。成功的人和失败的人在技术、能力和智慧上的差别通常并不很大，但是如果两个人各方面都差不多，具有热忱的人将更能得偿所愿。一个人能力不足，但是具有热忱，通常必会胜过能力高强，但是欠缺热忱的人。”

是的，一个人成功的因素很多，而居于这些因素之首的就是热忱。没有热忱，不论你有什么能力，都发挥不出来，这绝不只是一般单纯而美丽的话语，而是迈向成功之路的航标。

【热忱是你驾驭生活的鞭子】

真正的热忱意味着你相信你所干的一切是有目的的。你坚信不疑地去实现你的目的，你有火一样燃烧的愿望，它驱使你去达到你的目标，直到你如愿以偿。如果你不想在生活中随波逐流，如果你想驯服命运这匹烈马，那就要时刻举起热忱的皮鞭。

多丽·帕顿小姐的生活为我们提供了一个例证，这一例证会使你懂得如何利用热忱促使自己行动，促使你迈向自己的目标，直到成为你生活的总统。

多丽·帕顿出生在田纳西州赛维县一个只有两间房的木棚里，她在12个孩子中排行第四。全家靠她父亲在一小块山地上辛勤劳作来勉强糊口。多丽·

帕顿生来并不比别人强。然而，多丽不愿成为拖儿带女的山里妇人，她赋予了自己对生活的热情。

她从孩提时代开始学习歌唱，5 岁就能谱出歌词，她母亲替她写下来。7 岁时，多丽 · 帕顿用旧乐器的残件制作了自己的吉他。第二年，一位叔叔送给她一把真正的吉他。她一直坚持练唱。

上高中了，她没有什么漂亮衣服，但她有了自己的梦想，她有热情。她的一个妹妹后来回忆说："多丽向别人讲述自己的梦想，一点也不害羞。在我们生活的山区，没有一个人这样想过，孩子们当然会笑话她。"

多丽·帕顿后来一辈子都在歌唱。她成了第一位唱片销售百万以上的明星。她的热忱陪伴了她一生。

并不是说你应该一天笑到晚，也不是说你应该对周围的一切都感到满意。那不是热情，那只是盲目乐观的好心人，坚持不了几天。相反，生活中所需要的热情更多的是一种思考和追求的方式，它这样劝慰人们："生活是美好的，通往成功的路总是有的。"

当你拥有热情时，你看到的不是事物的反面，而是它的正面。你会发现每个人、每一件事都有其闪光之处。

热情和积极心态以及生活过程之间的关系，就好像汽油和汽车引擎之间的关系一样：热情是生活的动力。热情和信心一起将逆境、失败和暂时挫折转变成为行动。借着这股热情你可以将任何消极表现和经验转变成积极表现和经验。

对生活充满热情会为你带来许多好处：

增加你思考和想象的强烈程度；

使你获得令人愉悦和具有说服力的说话语气；

使你的工作不再那么辛苦；

使你拥有更吸引人的个性；

使你获得自信；

强化你的身心健康；

建立你的个人进取心；

更容易克服身心疲劳；

使他人感染你的热忱。

热忱对你潜意识的激励程度和对积极心态的激励程度是一样的。当你的意识中充满热情时，你的潜意识也同时烙着一个印象，亦即你的强烈欲望和你为达到该欲望所拟定的计划是坚定不移的。当你对热情的意识变得模糊时，你的潜意识中仍然留存着对生命的丰富想象，并会再次点燃残存在意识中的热忱火花。

一个热情的人知道生活不能万事如意，知道有时候他的梦想似乎永远也无法实现，但是他能为自己加油鼓劲，他会把要干的事情深思熟虑，然后再投入生活中，同时与以前相比，他会有更强烈的同生活抗争的信念。没有人能够阻止一个知道自己将欲何行的人。没有人能够阻止一个打不垮的人。如果你把热忱作为驾驭生活的鞭子，那么你将是打不垮的。

让你的生活充满热忱吧，让你的热忱发挥作用吧，让你的热忱洋溢于你今天的生活，让你的热忱帮助你最终驾驭生活。

麦克阿瑟将军在南太平洋指挥盟军的时候，办公室墙上也挂着一块牌子，上面写着这样的座右铭：

你有信仰就年轻，疑惑就年老；你有自信就年轻，畏惧就年老；你有希望就年轻，绝望就年老；岁月只使你皮肤起皱，但是失去了热忱，就损伤了灵魂。

这是对热忱最好的赞词。

“失去了热忱，就损伤了灵魂。”点燃你热忱的心灯，灵魂的火焰才有足够的力量把造成天才的各种材料熔冶于一炉。

做人要具有责任感

“伟大的代价，即是责任。”丘吉尔的这句名言激励着一代代人去担负起时代赋予的重大责任与使命……

詹姆斯曾告诫自己的儿子，作为国家的一个公民，他要背负国家的前途而努力奋斗的责任。在他看来，具有一颗崇高的责任心，一个人拥有了生命的脊梁。因为，人们从来不会指望一个游手好闲、没有责任感的人能给他们带来福音。作为一个男子汉，只有在真正懂得了责任的意义和内涵，并付诸行动时，才预示着开始走向新的历程。

本杰明·富兰克林小时候很喜欢钓鱼。他把大部分闲暇时间都花在了那个磨坊附近的池塘旁边。在那儿，他可以得到从远方游来的鲰鱼，河鲈和鳗鲡。

本杰明和小伙伴们最喜欢到波士顿郊外的一个地方去钓鱼。那儿的水边有一片深深的泥塘，有鱼上钩的时候，他们必须站到泥塘里才能抓住它们。

一天，大家都站在泥塘里，本杰明对伙伴们说：“站在这里太难受了。”

“就是嘛！”别的男孩子们说，“如果能换个地方多好啊!”

> 伟大的代价，即是责任。
>
> ——（英）丘吉尔

在泥塘附近的干地上，有许多用来建造新房地基的大石块。本杰明爬到石堆高处。“喂！”他说，“我有一个办法。站在那烂泥塘里太难受了，泥浆都快淹没到我的膝盖了，你们也差不多。我建议大家来建一个小小的码头。看到这些石块没有？它们都是工人们用来建房子的。我们把这些石块搬到水边，建一个码头。大家说怎样？我们要不要这样做？”

“要！要！”大家齐声大喊，“就这样定了吧！”

他们决定当晚再聚到这里开始他们伟大的计划。在约定的时间里孩子们都到齐了，开始搬运石块。有时他们像蚂蚁那样两三个人一起搬一块石头。最后，他们终于把所有的石块都搬来了，建成了一个小小的码头。

“伙计们，现在，”本杰明喊道，“让我们大喊三声来庆祝一下再回去，我们明天就可以轻轻松松地钓鱼了。”

“好哇！好哇！好哇！”孩子们欢叫着跑回家去睡觉了，梦想着明天的欢乐。

第二天早晨，当工人们来做工时，惊奇地发现所有的石块都不翼而飞了。工头仔细地看了看地面，发现了许多小脚印，有的光着脚，有的穿着鞋，沿着这些脚印，他们很快就找到了失踪的石块。

“嘿，我明白是怎么回事了。”工头说，“那些小坏蛋，他们偷石头来建了一个小码头。不过，这些小鬼还真能干。”

他立即跑到地方法官那儿去报告。法官下令把那些偷石头的家伙带进来。

幸好，失物的主人较仁慈，否则我们的朋友本杰明和他的伙伴们恐怕就麻烦了。石头的主人是一位绅士，他十分尊重本杰明的父亲，而且孩子们在这整个事件中体现出来的气魄也让他觉得非常有趣。因此，他宽容地放了他们。

但是，这些孩子们却要受到来自他们父母亲的教训和惩罚。在那个悲伤的夜晚，许多荆条都被打断了。至于本杰明，他更害怕父亲的训斥而不是鞭打。事实上，他父亲的确是愤怒了。

“本杰明，过来!”富兰克林先生用他那一贯低沉严厉的声音命令道。本杰明走到父亲的面前。“本杰明，”父亲问，“你为什么要去动别人的东西？”

“唉，爸爸！”本杰明抬起了先前低垂的头，正视着父亲的眼睛，“要是我仅仅是为了自己，我绝不会那么做。但是，我们建码头是为了大家都方便。如果把那些石头用来建房子，只有房子的主人才能使用，而建成码头却能为许多人服务。”

“孩子，”富兰克林严肃地说，“你的做法对公众造成的损害比对石头主人的伤害更大。我确信，人类的所有苦难，无论是个人的还是公众的，都来源于人们忽视了一个真理，那就是罪恶只能产生罪恶。正当的目的只能通过正当的手段去达到。”

富兰克林一生都无法忘记他和父亲的那次谈话。在他以后的人生道路上，他始终实践着父亲教给他的道理。实际上，他后来成为了美国有史以来最杰出的政治家和外交官之一。

应该说，富兰克林是幸运的，他平凡的父亲告诉了他一个不平凡的道理：一个人只有真正为公众的利益担当起自己应有的责任时，他的所作所为才变得伟大而值得称颂。尤其是一个男子汉，更应该担当起崇高而不显浮华的责任，这是一个人一生中最重要的使命之一。

【责任，血液里流淌着的使命】

责任是一种天赋的使命。每个人来到这个世上，都需要承担责任，没有责任的人生是空虚的，不敢承担责任的人生是脆弱的。勇于承担责任，才能获得别人的尊敬和信任，获得生命的成就感和自豪感。

在火车上，一位孕妇临盆，列车员广播通知，紧急寻找妇产科医生。这时，一位妇女站出来，说她是妇产科的。女列车长赶紧将她带进用床单隔开的病房。毛巾热水、剪刀、钳子什么都到位了，只等最关键时刻的到来。产妇由于难产而非常痛苦地尖叫着。那位妇产科的女子非常着急，将列车长拉到产房外，说明产妇的紧急情况，并告诉列车长她其实只是妇产科的护士，并且由于一次医疗事故已被医院开除。今天这个产妇情况不好，人命关天，她自知没有能力处理，建议立即送往医院抢救。

列车行驶在京广线上，距最近的一站还要行驶一个多小时。列车长郑重地对她说："你虽然只是护士，但在这趟列车上，你就是医生，你就是专家，我们相信你。"

车长的话感动了护士，她准备了一下走进产房前又问："如果万不得已，是保小孩还是大人？"

"我们相信你。"

护士明白了。她坚定地走进产房。列车长轻轻地安慰产妇，说现在正由一名专家在给她手术，请产妇安静下来好好配合。

出乎意料，那名护士单独完成了她有生以来最为成功的手术，婴儿的啼声宣告了母子平安。

那对母子是幸福的，因为遇到了热心人；但那位护士更是幸福的，她不仅挽救了两个生命，而且找回了自信与尊严。因为责任，她由一个不合格的护士而成为一名优秀的医生。

每个人都有责任感，每个人都会不辱使命而努力。责任能激发人的潜能，也能唤醒人的良知。给人责任，也就是给了信任和真诚；有责任，也就成就了尊严和使命。

有一次，一个劫犯在抢劫银行时被警察包围，无路可退。情急之下，劫犯顺手从人群中拉过一人当人质。他用枪顶着人质的头部。威胁警察不要走近，并且喝令人质要听从他的命令。警察四散包围，劫犯挟持人质向外突围。突然，人质大声呻吟起来。劫犯忙喝令人质住口，但人质的呻吟声越来越大，最后竟然成了痛苦的呐喊。

劫犯慌乱之中才注意到人质原来是一个孕妇，她痛苦的声音和表情证明她在极度惊吓之下马上要生产。鲜血已经染红了孕妇的衣服，情况十分危急。

一边是漫长无期的牢狱之灾，一边是一个即将出生的生命。劫犯犹豫了，选择一个便意味放弃另一个，而每一个选择都是无比艰难的。四周的人群，包括警察在内都注视着劫犯的一举一动，因为劫犯目前的选择是一场良心、道德与金钱、罪恶的较量。

终于，他将枪扔在了地上，随即举起了双手，警察一拥而上。围观者竟然响起了掌声。

孕妇的情况危急，众人要送她去医院。已戴上手铐的劫犯忽然说：“请等一等好吗？我是医生！”警察迟疑了一下，劫犯继续说：“孕妇已无法坚持到医院，随时会有生命危险，请相信我!”警察终于打开了劫犯的手铐……

不久，一声洪亮的啼哭声惊动了所有听到它的人，人们高呼万岁，相互拥抱。劫犯双手沾满鲜血——是一个崭新生命的鲜血，而不是罪恶的鲜血。他的脸上挂着职业的满足和微笑，人们向他致意，忘了他是一个劫犯。

警察将手铐戴在他手上，他说：“谢谢你们让我尽了一个医生的职责。这个小生命是我从医以来第一个从我枪口下出生的婴儿，他的勇敢征服了我。我现在希望自己不是劫犯，而是一名救死扶伤的医生。”

责任，是上帝交给灵魂的使命，在我们的血液里不息地流淌……一个罪犯的良知在面对责任时竟变得纯洁和虔敬，故事中的医生在职责的召唤中，终于选择了复活。这就是责任的力量！

【“甩”开借口，与责任同行】

巴顿将军在他的战争回忆录《我所知道的战争》中写到这样一个细节：

“我要提拔人时常常把所有的候选人排到一起，给他们提一个我想要他们解决的问题。我说：‘伙计们，我要在仓库后面挖一条战壕，8 英尺长，3 英尺宽，6 英寸深。’我就告诉他们那么多。那是一个有窗户或有大节孔的仓库。候选人正在检查工具时，我走进仓库，通过窗户或节孔观察他们。我看到伙计们把锹和镐都放到仓库后面的地上。他们休息几分钟后开始议论我为什么要他们挖这么浅的战壕。他们有的说，6 英寸深还不够当火炮掩体。其他人争论说，这样的战壕太热或太冷。如果伙计们是军官，他们会抱怨他们不该干挖战壕这么普通的体力劳动。最后，有个伙计对别人下命令：‘让我们把战壕挖好后离开这里吧。那个老畜生想用战壕干什么都没关系。’”

最后，巴顿写道：“那个伙计得到了提拔。我必须挑选没有任何借口地完成任务的人。”

找借口是推卸责任。在责任和借口之间，选择责任还是选择借口，体现了一个人的行事风格和生活态度。借口仿佛一个用温情伪饰的陷阱，能消磨人的斗志，或让你遗忘自己的责任所在，并容易使我们沉湎于令人腐化的温床，并为此付出失败的代价。

西点军校的莱瑞·杜瑞松上校在第一次赴外地服役的时候，有一天连长派他到营部去，交代给他 7 项任务：要去见一些人，要请示上级一些事；还有些东西要申请，包括地图和醋酸盐（当时醋酸盐严重缺货）。杜瑞松下定决心把 7 项任务都完成，虽然他并没有把握都能做好。

果然事情并不顺利，问题就出在醋酸盐上。他滔滔不绝地向负责补给的中士说明理由，希望他能从仅有的存货中拨出一点。杜瑞松一直缠着他，到最后不知道是被杜瑞松说服了，相信醋酸盐确实有重要的用途，还是眼看没有其他办法能够摆脱杜瑞松，中士终于给了他一些醋酸盐。

杜瑞松上校的举动给我们提供了一个责任的范本。杜瑞松回去向连长复命的时候，连长并没有多说话，但是很显然他有些意外，因为要在短时间里完成 7 项任务确实非常不容易。或者换句话说，即使杜瑞松不能完成任务，也是可以找到借口的。但是杜瑞松根本就没有想到去找借口，他心里根本就没有过推脱责任的念头。

拿破仑 · 希尔说："制造托词来解释自己的行为，这已是世界性的问题。这种习惯与人类的历史同样古老，这是成功的致命伤！"富兰克林 · 罗斯福因患小儿麻痹症而下身瘫痪，他是最有资格找借口的。可是他从来不找任何借口，而是以信心、勇气和顽强的意志向一切困难挑战，居然冲破美国传统束缚，连任四届美国总统。他以病残之躯在美国历史上，也在人类历史上写下了辉煌的成功篇章。罗斯福的经历，对于那些信奉借口哲学的年轻人，也许是一个极大的触动。

没有任何借口，没有任何抱怨，责任就是他一切行动的准则。

甩开借口，看似冷漠，缺乏人情味，但它可以激发一个人最大的潜能。无论你是谁，在人生中，无需任何借口，失败了也罢，做错了也罢，再妙的借口对于事情本身也没有丝毫的帮助。"我们必须把借口哲学——现在的情况我无法控制——改变为责任哲学"，世界飞人乔丹说到了，做到了，也成功了！

扫码获取更多资源

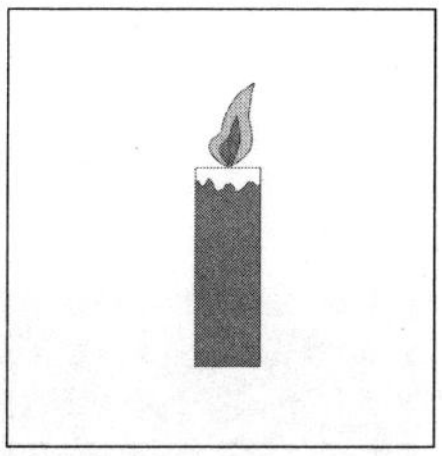

经验是人生成功的阶梯

扫码获取更多资源

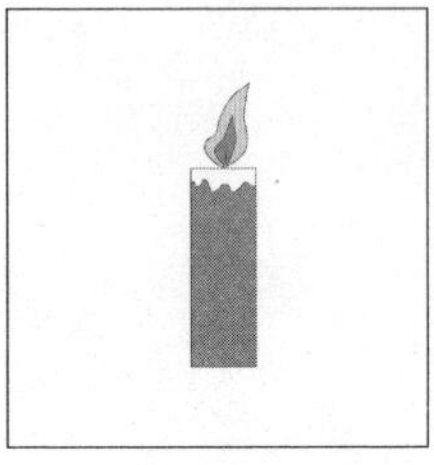